集值极大极小定理
与集值博弈问题

张 宇 编著

科学出版社
北 京

内 容 简 介

本书主要分为两部分内容: 集值极大极小定理和集值博弈问题. 本书分别在向量优化与集优化两种不同准则下, 讨论集值极大极小定理, 主要内容有集值极大极小定理与锥鞍点、向量集值极大极小问题、向量集值 Ky Fan 极大极小定理、非凸的集值极大极小定理与集值均衡问题、几类特殊的集值极大极小定理与集优化的集值极大极小定理. 集值博弈问题主要为集值鞍点问题与集值 Nash 博弈问题.

本书适合集值优化与多目标优化方向的研究生、研究人员参考，也可供相关专业方向的老师学生参考使用.

图书在版编目 (CIP) 数据

集值极大极小定理与集值博弈问题/张宇编著. —北京：科学出版社, 2018.5
ISBN 978-7-03-055455-0

Ⅰ. ①集⋯　Ⅱ. ①张⋯　Ⅲ. ①集值映象　Ⅳ. ①O189

中国版本图书馆 CIP 数据核字(2017) 第 283753 号

责任编辑：王　静／责任校对：张凤琴
责任印制：徐晓晨　／封面设计：陈　敬

科学出版社出版
北京东黄城根北街 16 号
邮政编码：100717
http://www.sciencep.com

北京捷迅佳彩印刷有限公司 印刷
科学出版社发行　　各地新华书店经销
*
2018 年 5 月第　一　版　开本：720×1000　B5
2019 年 10 月第三次印刷　印张：8
字数：161 000

定价：**49.00** 元
(如有印装质量问题, 我社负责调换)

前　　言

集值映射是 20 世纪 40 年代才发展起来的一个现代数学分支, 作为建立非线性问题的数学模型、解决非线性问题的数学理论和有力工具, 它已经成为非线性分析的重要组成部分. 除此之外, 集值映射在控制论、数理经济学、博弈论、非线性最优化、非光滑分析与变分分析等众多领域都有广泛的应用. 集值映射的思想和方法已经渗透到社会科学和自然科学中很多领域的研究中.

集值优化问题有两个准则: 向量优化准则和集优化准则. 在很多实际情况下, 人们判断决策好与坏的标准指标是多个的、甚至是无穷多个或集合值的. 但是, 此类优化问题中的指标 (或者指标集合) 常常是相互矛盾或重合的, 所以如何协调这些问题并兼顾每一个指标 (或者指标集合), 最终得到最佳方案, 是人们在实际生活中经常遇到的问题, 向量优化问题就是来考虑并解决这些问题的. 对于这类优化问题, 其最优解的概念和数值优化问题中解的概念有着本质的不同. 更多地, 它是在各个指标 (或者指标集合) 之间找到一种平衡, 以兼顾每一个指标 (或者指标集合), 从而在决策者的偏好下, 找到最佳方案. 向量优化问题的模型在现实生活和科学研究中无处不在, 是更加贴近实际情况的一种模型. 因此向量优化的研究在国际上引起了广大学者的极大关注和重视. 集优化准则首次以英文文献出现是在 1999 年, 它是在集合序下建立的一种优化准则. 集优化准则和向量优化准则有着很大的差异. 向量优化是在点序关系下 (一般情况下是一种偏序) 得到的一种优化准则, 而集优化是在集合序下 (一般情况下都不是偏序) 得到的一种优化准则. 造成这种巨大差异的主要原因是集合序一般不满足反对称性. 两种优化准则在不同情况下, 有着各自不同的意义. 例如: 在投掷铅球比赛中, 一般都是每人投掷三次, 然后取成绩最好的那次作为该人的最好成绩. 这种准则就适合向量优化准则, 而在足球比赛中, 一支球队想要获得冠军, 就要整体实力上比其他球队强, 这种准则就适合集优化准则. 集优化准则自从出现后, 就在国际上引起了大量学者的极大关注和重视.

作为运筹学的一个重要分支, 极大极小问题在许多领域都有着非常重要的应用. 比如: 博弈论、对偶理论、变分不等式问题、不动点理论等等. 随着理论和应用问题的不断发展, 单值映射的极大极小理论已经无法满足人们的需求, 人们越来越关注集值映射的极大极小理论. 此外, 作为极大极小问题的重要应用之一, 博弈论已经被广泛应用到现实生活的各行各业. 传统博弈问题的支付函数是一个数或者一组数 (一个向量), 然而, 在现实生活中, 受一些不确定因素的影响, 要想精确地计算出这个数值或者这组数值是非常困难的, 一般情况下, 仅能给出这个精确值或者这组精确值一个大概的范围. 这时, 相应博弈问题的支付函数就变为一个集值映射. 因此, 讨论集值极大极小理论和集值博弈问题有着非常重要的意义.

　　本书在向量优化与集优化两种不同准则下, 讨论集值极大极小问题, 主要内容有集值极大极小定理和集值 Ky Fan 极大极小定理, 分别在各种不同的集值映射锥凹凸概念下, 得到了各种不同类型的极大极小不等式. 集值博弈问题包括集值鞍点问题和集值 Nash 博弈问题, 分别讨论了两类问题解的存在性与适定性.

　　第 1 章, 主要介绍了本书后面各章节频繁使用的一些基本符号、概念及其一些基本的常用性质. 第 2 章, 在锥真拟凸与锥拟凸假设下, 利用不动点定理讨论了一个实数集值映射的极大极小定理和锥鞍点定理, 得到了一个新的向量集值的极大极小定理. 第 3 章, 应用紧性假设和有限交性质, 得到了向量值集值映射的两类极大极小不等式, 同时, 得到了向量值集值映射的新的包含假设. 第 4 章, 应用 Ky Fan 引理、有限交性质、Kakutani-Fan-Glicksberg 不动点定理、Ky Fan 截口定理和一类非线性标量化函数, 得到了一些广义的向量值集值映射的 Ky Fan 极大极小不等式. 第 5 章, 在锥似凸似凹条件下, 利用凸集分离定理讨论了实集值映射的极大极小定理与锥鞍点定理, 并将其结果应用到了集平衡问题中, 得到了新的集平衡问题解的存在性结果. 第 6 章, 讨论了一个向量值映射和一个固定集合之和的特殊集值映射的极大极小定理, 同时, 在点序关系下引入了一致同阶集值映射的极大极小定理和锥松鞍点定理. 第 7 章, 在集合序下, 引入了一致同阶集值映射的概念, 讨论了其极大极小定理和鞍点定理, 同时描述了向量准则与集准则两种不同准则下的集值极大极小定理的联系与差异. 第 8 章, 引入了集值 Nash 博弈问题模型, 分别在解集是单点与集值情景下讨论了模型的适定性问题.

　　最后, 向帮助过我的同事和朋友致以最衷心的感谢和深深的敬意! 无论是读书期间还是工作以来, 各位始终对我工作和生活给予了热情的帮助和指导, 激励我不断努力前行! 因学识有限, 书中难免有疏漏和不妥之处, 热忱欢迎各位读者批评指正!

张　宇

2016 年 10 月于昆明

目　　录

第 1 章 预 备 知 识

本书主要介绍后续章节中将要频繁使用的一些基本概念和性质, 包括集合的有效点集和弱有效点集, 集值映射的上下半连续性、拟下半连续性, 集值映射的锥鞍点和锥松鞍点及若干不动点定理等等.

在本书中, 如果没有特别说明, 设 X, Y, V 为实的 Hausdorff 拓扑向量空间; 设 $S \subset V$ 为一个尖闭凸锥并且它的拓扑内部 $\operatorname{int} S$ 非空. 设 $x, y \in V$, 空间 V 中的点序关系定义如下:

$$x \leqslant_S y \Leftrightarrow x \in y - S.$$

1.1 集合的有效点集和弱有效点集

本节主要介绍集合的有效点集和弱有效点集的概念和性质.

定义 1.1.1[1] 设 $A \subset V$ 为一个非空子集.

(i) 如果点 z 满足 $A \bigcap (z - S) = \{z\}$, 则称点 $z \in A$ 为集合 A 的极小点. 集合 A 所有极小点构成的集合记为 $\operatorname{Min} A$.

(ii) 如果点 z 满足 $A \bigcap (z - \operatorname{int} S) = \varnothing$, 则称点 $z \in A$ 为集合 A 的弱极小点. 集合 A 所有弱极小点构成的集合记为 $\operatorname{Min}_w A$.

(iii) 如果点 z 满足 $A \bigcap (z + S) = \{z\}$, 则称点 $z \in A$ 为集合 A 的极大点. 集合 A 所有极大点构成的集合记为 $\operatorname{Max} A$.

(iv) 如果点 z 满足 $A \bigcap (z + \operatorname{int} S) = \varnothing$, 则称点 $z \in A$ 为集合 A 的弱极大点. 集合 A 所有弱极大点构成的集合记为 $\operatorname{Max}_w A$.

从上述定义容易得到, $\operatorname{Min} A \subset \operatorname{Min}_w A$ 和 $\operatorname{Max} A \subset \operatorname{Max}_w A$.

引理 1.1.1[2] 设 $A \subset V$ 为一个非空紧子集, 则有

(i) $\operatorname{Min} A \neq \varnothing, A \subset \operatorname{Min} A + S, A \subset \operatorname{Min}_w A + \operatorname{int} S \bigcup \{0_V\}$;

(ii) $\operatorname{Max} A \neq \varnothing, A \subset \operatorname{Max} A - S, A \subset \operatorname{Max}_w A - \operatorname{int} S \bigcup \{0_V\}$.

关于集合的有效点集和弱有效点集的更多性质可参考文献 [1] 和 [3].

1.2 集值映射的上下半连续性、拟下半连续性

本节主要介绍集值映射的上下半连续性、拟下半连续性及一些相关性质, 以便本书后续部分使用.

定义 1.2.1[1]　　设 $F: X \to 2^V$ 为一个非空值的集值映射.

(i) 如果对任意的 $F(x_0)$ 的邻域 $N(F(x_0))$, 存在一个 x_0 的邻域 $N(x_0)$ 使得

$$F(x) \subset N(F(x_0)), \quad \forall x \in N(x_0),$$

那么称 F 在 $x_0 \in X_0$ 处是上半连续的.

(ii) 如果对任意的 V 中的邻域 N 满足 $F(x_0) \bigcap N \neq \varnothing$, 存在一个 x_0 的邻域 $N(x_0)$ 使得

$$F(x) \bigcap N \neq \varnothing, \quad \forall x \in N(x_0),$$

那么称 F 在 $x_0 \in X$ 处是下半连续的.

(iii) 如果 F 在 x_0 处既是上半连续也是下半连续的, 那么称 F 在 $x_0 \in X$ 处是连续的. 如果对一个 $x \in X$, F 是连续的, 那么 F 在 X 上是连续的.

引理 1.2.1[1]　　设 $F: X \to 2^V$ 为一个非空值的集值映射.

(i) 带有紧值的集值映射 F 在 $x_0 \in X$ 是上半连续的当且仅当对任意的网 $\{x_\alpha\} \subset X$ 满足 $x_\alpha \to x_0$ 和对任意的 $y_\alpha \in F(x_\alpha)$, 存在 $y_0 \in F(x_0)$ 以及一个 $\{y_\alpha\}$ 的子网 $\{y_\beta\}$ 使得 $y_\beta \to y_0$.

(ii) 集值映射 F 在 $x_0 \in X$ 是下半连续的当且仅当对任意的网 $\{x_\alpha\} \subset X$ 满足 $x_\alpha \to x_0$ 和对任意的 $y_0 \in F(x_0)$, 存在 $y_\alpha \in F(x_\alpha)$ 使得 $y_\alpha \to y_0$.

引理 1.2.2[4]　　设 $F: X \to 2^V$ 为一个有非空值的集值映射.

(i) 如果对 V 中任意闭子集 G, 集合

$$F^{-1}(G) = \{x \in X \,| F(x) \bigcap G \neq \varnothing\}$$

是闭的, 则 F 在 X 上是上半连续的.

(ii) 如果对 V 中任意闭子集 G, 集合

$$F^{+1}(G) = \{x \in X \,| F(x) \subset G\}$$

是闭的, 则 F 在 X 上是下半连续的.

引理 1.2.3[5]　　设 X_0 和 Y_0 分别为 X 和 Y 中的两个非空紧子集. 如果 $F: X_0 \times Y_0 \to 2^V$ 是一个连续的集值映射并且对每个 $(x, y) \in X_0 \times Y_0$, $F(x, y)$ 是一个非空紧集, 则有 $\Gamma(x) = \mathrm{Min}_w F(x, Y_0), \Psi(x) = \mathrm{Max}_w F(x, Y_0), \Phi(y) = \mathrm{Max}_w F(X_0, y)$ 和 $\Lambda(y) = \mathrm{Min}_w F(X_0, y)$ 都是上半连续并且是紧的.

引理 1.2.4[1]　　设 X_0 为 X 中的一个非空子集, $F: X_0 \to 2^V$ 为一个有非空值的集值映射. 如果 X_0 是一个紧的且 F 是上半连续和紧值的, 则有 $F(X_0) = \bigcup_{x \in X_0} F(x)$ 是紧的.

定义 1.2.2[6] 设 $F : X \to 2^V$ 为一个集值映射. 如果对任意的 $b \in V$ 和 $F(x_0) \not\subset b - S$, 存在一个 x_0 的邻域 $N(x_0)$ 使得

$$F(x) \not\subset b - S, \quad \forall x \in N(x_0),$$

那么称 F 在 $x_0 \in X$ 处是拟下半连续的. 如果对一个 $x \in X$, F 是拟下半连续的, 那么 F 在 X 上是拟下半连续的.

1.3 集值映射的锥松鞍点和锥鞍点

本节主要介绍集值映射的锥松鞍点和锥鞍点的定义, 以便本书后续部分使用.

定义 1.3.1[3] 设 X_0 和 Y_0 分别为 X 和 Y 中的两个非空子集, $F : X_0 \times Y_0 \to 2^V$ 为一个非空值的集值映射.

(i) 如果 $(x, y) \in X_0 \times Y_0$ 满足

$$F(x, y) \bigcap \text{Min} \bigcup_{y \in Y_0} F(x, y) \neq \varnothing \quad \text{且} \quad F(x, y) \bigcap \text{Max} \bigcup_{x \in X_0} F(x, y) \neq \varnothing,$$

则称 (x, y) 为 F 在 $X_0 \times Y_0$ 上的 S-松鞍点;

(ii) 如果 $(x, y) \in X_0 \times Y_0$ 满足

$$F(x, y) \bigcap \text{Min}_w \bigcup_{y \in Y_0} F(x, y) \bigcap \text{Max}_w \bigcup_{x \in X_0} F(x, y) \neq \varnothing,$$

则称 (x, y) 为 F 在 $X_0 \times Y_0$ 上的 S-鞍点.

从上述定义容易得到, S-鞍点一定是 S-松鞍点. 反之, 则不然.

1.4 不动点定理

本节主要介绍若干不动点定理, 以便本书后续部分使用.

定理 1.4.1[7] (Fan-Browder 不动点定理) 设 X_0 为 X 中的一个非空紧凸子集, $T : X_0 \to 2^{X_0}$ 为一个集值映射且满足

(i) 对每一个 $x \in X_0, T(x)$ 是一个非空的凸集;

(ii) 对每一个 $x \in X_0, T^{-1}(x)$ 是一个开集.

则 T 有不动点.

定理 1.4.2[8] (Kakutani-Fan-Glicksberg 不动点定理) 设 X 为一个实的局部凸 Hausdorff 拓扑向量空间, X_0 为 X 中的一个非空紧凸子集. 如果 $T : X_0 \to 2^{X_0}$ 是一个上半连续的集值映射并且对每一个 $x \in X_0, T(x)$ 是一个非空闭凸集, 则 T 有不动点.

定理 1.4.3[9] (Ky Fan 截口定理)　设 X_0 为 X 中的一个非空紧凸子集, A 为 $X_0 \times X_0$ 中的一个子集并且满足

(i) 对每一个 $y \in X_0$, 集合 $\{x \in X_0 : (x,y) \in A\}$ 是 X_0 中的闭集;

(ii) 对每一个 $x \in X_0$, 集合 $\{y \in X_0 : (x,y) \notin A\}$ 是凸的或空集,

更多地, 如果对每一个 $x \in X_0$, $(x,x) \in A$, 则存在 $x \in X_0$ 使得 $\{x_0\} \times X_0 \subset A$.

定义 1.4.1[9]　设 $K \subset X$ 为一个非空子集, $K_0 \subset K$ 为一个非空子集. 如果 $T : K_0 \to 2^K$ 满足对每一个 K_0 中的有限子集 A 有 $\text{co} A \subset \bigcup_{x \in A} T(x)$, 则称 T 是一个 Knaster-Kuratowski-Mazurkiewicz(KKM) 映射.

定理 1.4.4[9](Ky Fan 引理)　设 $K \subset X$ 为一个非空子集. 如果 $T : K_0 \to 2^X$ 是一个有闭值的 KKM 映射并且存在 $x_0 \in K$ 使得 $T(x_0)$ 是紧的, 则 $\bigcap_{x \in K} T(x) \neq \varnothing$.

第 2 章 集值极大极小定理与锥鞍点

随着应用与理论问题的不断发展, 人们发现单值极大极小理论已无法满足需求. 这就激励着人们研究集值极大极小问题. Luc 和 Vargas[3] 首次在向量优化的意义下, 引入了向量值集值映射的锥鞍点和锥松鞍点的概念, 并利用一个不动点定理, 在紧性假设、锥拟凸凹假设和连续性假设下, 获得了一个广义向量值集值映射的锥松鞍点的存在性定理, 但是, 对于集值映射的锥鞍点, 他们没有得到相应的存在性定理. 通过观察, 容易看到集值映射的锥松鞍点定义没有将最大值函数和最小值函数直接联系起来, 而是通过集值映射在锥松鞍点处的函数值间接地联系在一起. 不管是从博弈的角度还是从对偶的角度来看, 这都不是很合理, 而集值映射的锥鞍点的定义从上述两个角度看起来都很合理. 随后, Luc[10] 利用回收锥和回收函数, 研究了没有紧性假设下的广义向量值映射的极人极小点集和极小极大点集的存在性, 但是, 他并没有给出相应的集值映射的极大极小定理和锥 (松) 鞍点定理. Tan 等[11] 使用一个不动点定理, 在没有连续性假设下, 得到了广义向量值集值映射的锥松鞍点的存在性定理. Ha[12] 利用不动点定理, 在次半连续、广义凸凹假设下, 得到了广义向量值集值映射的锥松鞍点的存在性定理. 张清邦等[13] 使用一个不动点定理, 在抽象凸空间中, 得到了一个广义向量值集值映射的广义锥松鞍点的存在性定理. 对于集值映射的极大极小定理, 也有很多文献进行了研究. 李声杰等[5] 首次利用一个广义的 Ky Fan 截口定理, 在连续性假设、紧性假设、锥凸凹假设和一个 H 假设下, 给出了一个标量值集值映射的极大极小定理, 同时, 他们利用线性的标量化函数和凸集分离定理, 得到了一些向量值集值映射的极大极小定理并解决了 Ferro 提出的公开问题, 还同时针对定理退化为相应的向量值映射的极大极小定理的情况, 改进和推广了相应的结论, 他们也解释了这个假设在标量值集值映射的极大极小定理中是不可或缺的、合理的. 这样的一个 H 假设就可以反映出实值函数的极大极小定理和标量值集值映射的极大极小定理的不同, 同时, 也就说明了相应的向量值集值映射的极大极小定理和向量值映射的极大极小定理也是有很大不同的. 进一步, 李声杰等[14] 利用一类非线性标量化函数, 在连续性假设、紧性假设、锥自然拟凸凹假设和两个包含假设下, 得到了两类向量值集值映射的广义极大极小定理. 2013 年, 张清邦等[15] 使用类似的方法得到了两个广义向量值集值映射的极大极小定理. 2012 年, Lin 等[16] 在锥似凸条件下, 得到了集值映射的极大极小定理和锥鞍点定理.

实值函数的极大极小定理和其鞍点定理有着非常紧密的联系. 然而, 对于集值映射而言, 还没有类似的结果. 在已有结果中, 要么只研究集值映射的极大极小定理, 要么只研究集值映射的锥松鞍点定理, 并没有将两者结合起来. 更多地, 现有文献中大多研究的是集值映射的锥松鞍点的存在性定理的, 而少有文献研究集值映射的锥鞍点存在性定理. 不管是在拉格朗日对偶理论中还是在广义博弈模型研究中, 后者都有着非常重要的意义. 但是, 由于其定义的复杂性, 要想在合理的假设下, 直接讨论集值映射锥鞍点的存在性是非常困难的. 本章考虑应用集值映射的极大极小定理来研究锥鞍点的存在性定理. 另一方面, Tanaka[17-23] 在研究中, 通过向量值映射的锥鞍点定理, 利用控制性条件, 得到了一类不同于 Ferro 所获得的向量值映射的极大极小定理. 本章考虑应用集值映射锥鞍点的存在性定理来得到类似的集值映射的新的极大极小定理. 因此, 本章首先利用 Fan-Browder 不动点定理建立了一个标量值集值映射的极大极小定理, 并举例说明此定理与已有的集值映射的极大极小定理是不同的; 然后通过这个极大极小定理, 得到了一个标量值集值映射的锥鞍点的存在性定理; 最后, 利用标量化函数和控制性引理, 得到了一类新的向量值集值映射的极大极小定理.

2.1　预 备 知 识

本节主要介绍在本章中所使用的一些基本概念, 并相应给出一些有用的性质.

定义 2.1.1　设 X_0 为 X 中的一个非空凸子集, $F : X_0 \to 2^V$ 为一个非空值的集值映射.

(i) 如果对任意的 $x_1, x_2 \in X_0$ 和 $l \in [0, 1]$, 有

$$F(x_1) \subset F(lx_1 + (1-l)x_2) + S \quad \text{或} \quad F(x_2) \subset F(lx_1 + (1-l)x_2) + S,$$

则称 F 在 X_0 上是 (I) 真 S-拟凸的. 如果 $-F$ 是 (I) 真 S-拟凸的, 则称 F 是 (I) 真 S-拟凹的;

(ii) 如果对任意的点 $z \in V$, 水平集

$$\text{Lev}_{F \geqslant}(z) = \{x \in X_0 : F(x) \subset z + S\}$$

是凸的, 则称 F 在 X_0 上是 (I) S-拟凹的. 如果 $-F$ 是 (I) S- 拟凹的, 则称 F 是 (I) S-拟凸的.

注 2.1.1　如果 F 是一个向量值映射, 上述 (I) 真 S-拟凸、(I) S-拟凹就退化为文献[2] 和 [21] 中相应的概念.

引理 2.1.1[11]　设 $F : X \to 2^R$ 是一个带有紧值的连续集值映射. 则有函数

$h : X \to R$,

$$h(x) = \min F(x)$$

是连续的.

引理 2.1.2 设 X_0 为 X 中的一个非空凸子集, $F : X_0 \to 2^R$ 为一个带有紧值的集值映射. 函数 $h : X \to R$ 定义为 $h(x) = \min F(x)$.

(i) 如果 F 在 X_0 上是 (I) 真 R_+-拟凸的, 那么 h 在 X_0 上是拟凸的;

(ii) 如果 F 在 X_0 上是 (I) R_+-拟凹的, 那么 h 在 X_0 上是拟凹的.

证明 (i) 因为 F 是紧值的, 所以 h 是有意义的. 由实值函数拟凸的定义可知, 仅需证明对任意的 $z \in R$,

$$\text{lev}_{h \leqslant}(z) = \{x \in X_0 \,|\, h(x) \leqslant z\}$$

是凸的即可. 事实上, 令 $x_1, x_2 \in \text{lev}_{h \leqslant}(z)$ 且 $l \in [0,1]$. 因为 F 是 (I) 真 R_+-拟凸的, 所以有

$$\min F(lx_1 + (1-l)x_2) \leqslant \min F(x_1) \quad \text{或} \quad \min F(lx_1 + (1-l)x_2) \leqslant \min F(x_2).$$

即 $lx_1 + (1-l)x_2 \in \text{lev}_{h \leqslant}(z)$. 因此 h 在 X_0 上是拟凸的.

(ii) 仅需证对任意的 $z \in R$,

$$\text{lev}_{h \geqslant}(z) = \{x \in X_0 \,|\, h(x) \geqslant z\}.$$

令 $x_1, x_2 \in \text{lev}_{h \geqslant}(z)$ 且 $l \in [0,1]$. 因为 F 在 X_0 上是 (I) R_+-拟凹的, 所以有

$$\min F(lx_1 + (1-l)x_2) \geqslant z.$$

即 $lx_1 + (1-l)x_2 \in \text{lev}_{h \geqslant}(z)$. 因此 h 在 X_0 上是拟凹的.

引理 2.1.3[24] 设 X_0 为 X 中的一个非空凸子集且 $h : X_0 \to R$. 则下面两个结论等价:

(i) 对任意的 $r \in R$, $\{x \in X_0 : h(x) \leqslant r\}$ (或者 $\{x \in X_0 : h(x) \geqslant r\}$) 是凸的;

(ii) 对任意的 $t \in R$, $\{x \in X_0 : h(x) < t\}$ (或者 $\{x \in X_0 : h(x) > t\}$) 是凸的.

2.2 标量值集值映射的极大极小定理和锥鞍点定理

本节给出标量值集值映射极大极小定理和锥鞍点定理, 并证明两者的等价性.

定理 2.2.1 令 X_0 和 Y_0 分别为 X 和 Y 的两个非空的紧凸子集. 假设 $F : X_0 \times Y_0 \to 2^R$ 是一个带有非空紧值的连续的集值映射且满足下列条件:

(i) 对每一 $x \in X_0$, $F(x, \cdot)$ 在 Y_0 上是 (I) 真 R_+-拟凸的;

(ii) 对每一 $y \in Y_0$, $F(\cdot, y)$ 在 X_0 上是 (I) R_+-拟凹的;

(iii) 对每一 $y \in Y_0$, 都存在 $x_y \in X_0$ 使得

$$\min F(x_y, y) \geqslant \min \bigcup_{y \in Y_0} \max F(X_0, y).$$

则有

$$\min \bigcup_{y \in Y_0} \max F(X_0, y) = \max \bigcup_{x \in X_0} \min F(x, Y_0). \tag{2.1}$$

证明　由引理 1.1.1、引理 1.2.3 和引理 1.2.4 可知,

$$\min \bigcup_{y \in Y_0} \max F(X_0, y) \neq \varnothing \quad \text{且} \quad \max \bigcup_{x \in X_0} \min F(x, Y_0) \neq \varnothing.$$

显然, 对任意的 $x \in X_0$ 和 $y \in Y_0$,

$$\max F(X_0, y) \geqslant \max F(x, y) \geqslant \min F(x, y) \geqslant \min F(x, Y_0).$$

所以,

$$\min \bigcup_{y \in Y_0} \max F(X_0, y) \geqslant \max \bigcup_{x \in X_0} \min F(x, Y_0).$$

假设存在 $c \in R$ 使得

$$\min \bigcup_{y \in Y_0} \max F(X_0, y) > c > \max \bigcup_{x \in X_0} \min F(x, Y_0). \tag{2.2}$$

通过下列表达式定义一个集值映射 $T : X_0 \times Y_0 \to 2^{X_0 \times Y_0}$

$$T(x, y) = \{\bar{x} \in X_0 \,|\min F(\bar{x}, y) > c\} \times \{\bar{y} \in Y_0 \,|\min F(x, \bar{y}) < c\}.$$

下面证明 T 满足定理 1.4.1 的所有假设条件.

首先, 证明对所有的 $(x, y) \in X_0 \times Y_0$, T 是非空值的. 由条件 (iii) 和 (2.2) 可知, 对每一个 $y \in Y_0$, 都存在 $x_y \in X_0$ 使得

$$\min F(x_y, y) \geqslant \min \bigcup_{y \in Y_0} \max F(X_0, y) > c.$$

更多地, 对每一个 $x \in X_0$,

$$\min F(x, Y_0) \leqslant \max \bigcup_{x \in X_0} \min F(x, Y_0) < c.$$

因此, 对所有的 $(x, y) \in X_0 \times Y_0$, T 是非空值的.

显然, 由条件 (i) 和 (ii), 以及引理 2.1.2 和引理 2.1.3 可知, 对每一个 $(x, y) \in X_0 \times Y_0$, T 是一个凸集.

对每一个 $(\bar{x},\bar{y}) \in X_0 \times Y_0$, $T^{-1}(\bar{x},\bar{y})$ 是一个开集. 由集值映射 T 的定义有, 对每一个 $(\bar{x},\bar{y}) \in X_0 \times Y_0$,

$$T^{-1}(\bar{x},\bar{y}) = \{(x,y) \in X_0 \times Y_0 \,|\, (\bar{x},\bar{y}) \in T(x,y)\}$$
$$= \{x \in X_0 \,|\, \min F(x,\bar{y}) < c\} \times \{y \in Y_0 \,|\, \min F(\bar{x},y) > c\}.$$

因为 F 是一个带有非空紧值的连续集值映射, 再由引理 2.1.1 可知, 对每一个 $(\bar{x},\bar{y}) \in X_0 \times Y_0$, $T^{-1}(\bar{x},\bar{y})$ 是一个开集.

这样, T 满足定理 1.4.1 的所有假设条件. 由引理 1.4.1 可得, 存在 $(x,y) \in X_0 \times Y_0$ 使得 $(x_0,y_0) \in T(x_0,y_0)$. 再由 T 的定义可知,

$$c < \min F(x_0,y_0) < c.$$

这是一个矛盾. 因此, (2.2) 不成立. 即 (2.1) 成立. 定理得证.

注 2.2.1 (i) 定理 2.2.1 条件 (iii) 与文献 [5] 中的类似. 当 F 是一个实值函数时, 其条件 (iii) 自然成立. 所以定理 2.2.1 退化到了文献 [14] 的相应的结论.

(ii) 定理 2.2.1 的凸假设与文献 [5] 中的命题 2.1 和文献 [14] 中的定埋 2.1 的是不一样的.

(iii) 定理 2.2.1 的证明方法与文献 [5] 和文献 [14] 中的是不同的.

下面的例子说明当文献 [5] 中的命题 2.1 不可行时, 定理 2.2.1 是可行的.

例 2.2.1 令 $X = Y = R, V = R, X_0 = [-1,1], Y_0 = [0,1], \varepsilon > 1$. 定义标量值集值映射 $F : [-1,1] \times [0,1] \to 2^R$ 如下:

$$F(x,y) = [yx, y(x^3+\varepsilon)], \quad (x,y) \in [-1,1] \times [0,1].$$

显然, F 是带有紧值的连续集值映射. 由 F 的定义可知, 对所有的 $x \in X_0$ 和 $y \in Y_0$,

$$\min F(x,y) = yx \quad \text{且} \quad \max F(x,y) = y(x^3+\varepsilon).$$

然后可知, 对每一个 $x \in X_0$, $F(x,\cdot)$ 在 Y_0 上是 (I) 真 R_+-拟凸的, 且对每一个 $y \in Y_0$, $F(\cdot,y)$ 在 X_0 上是 (I) R_+-拟凹的. 但是, 对任意的 $y > 0$, $F(\cdot,y)$ 在 X_0 上不是 R_+-凹的. 因此, 文献 [5] 中的命题 2.1 是不可行的. 然而, 由 F 的定义可知,

$$\min \bigcup_{y \in Y_0} \max F(X_0,y) = 0.$$

对每一个 $y \in Y_0$, 取 $x_y = 1$, 有

$$\min F(1,y) = y \geqslant \min \bigcup_{y \in Y_0} \max F(X_0,y) = 0.$$

即, 定理 2.2.1 的条件 (iii) 成立. 这样, 定理 2.2.1 的所有条件都成立, 则定理 2.2.1 的结论成立. 通过直接的计算,

$$\max \bigcup_{x \in X_0} \min F(x, Y_0) = 0,$$

即

$$\min \bigcup_{y \in Y_0} \max F(X_0, y) = \max \bigcup_{x \in X_0} \min F(x, Y_0).$$

定理 2.2.2　假设定理 2.2.1 的所有条件都满足, 则至少存在一个 F 在 $X_0 \times Y_0$ 上的 R_+-鞍点.

证明　由假设和定理 2.2.1 可知,

$$\min \bigcup_{y \in Y_0} \max F(X_0, y) = \max \bigcup_{x \in X_0} \min F(x, Y_0).$$

则存在 $\bar{x} \in X_0$ 和 $\bar{y} \in Y_0$ 使得

$$\max \bigcup_{x \in X_0} \min F(x, Y_0) = \min \bigcup_{y \in Y_0} F(\bar{x}, y) = \min \bigcup_{y \in Y_0} \max F(X_0, y)$$
$$= \max \bigcup_{x \in X_0} F(x, \bar{y}).$$

因此, 对所有 $x \in X_0$ 和 $y \in Y_0$,

$$\min F(\bar{x}, y) \geqslant \min \bigcup_{y \in Y_0} F(\bar{x}, y) = \max \bigcup_{x \in X_0} F(x, \bar{y}) \geqslant \max F(x, \bar{y}).$$

特殊地, 取 $x = \bar{x}$ 和 $y = \bar{y}$, 有

$$\min F(\bar{x}, \bar{y}) \geqslant \max F(\bar{x}, \bar{y}),$$

即, $F(\bar{x}, \bar{y})$ 是一个单点. 因此,

$$F(\bar{x}, \bar{y}) = \min \bigcup_{y \in Y_0} F(\bar{x}, y) = \max \bigcup_{x \in X_0} F(x, \bar{y}),$$

这样, $(\bar{x}, \bar{y})$ 是 F 的一个 R_+-鞍点. 定理得证.

例 2.2.2　考虑例 2.2.1. 显然, 定理 2.2.2 的所有条件都成立. 因此, 定理 2.2.2 的结论成立. 由直接的计算, 有 $F(1, 0) = 0$ 且

$$\min \bigcup_{y \in Y_0} F(1, y) = \max \bigcup_{x \in X_0} F(x, 0) = 0.$$

即, $(1, 0)$ 是 F 上的 R_+-鞍点.

定理 2.2.3　令 $F : X_0 \times Y_0 \to 2^R$ 为一个非空值的集值映射. 假设

$$\min \bigcup_{y \in Y_0} \max F(X_0, y) \neq \varnothing \quad 且 \quad \max \bigcup_{x \in X_0} \min F(x, Y_0) \neq \varnothing.$$

则有

$$\min \bigcup_{y \in Y_0} \max F(X_0, y) = \max \bigcup_{x \in X_0} \min F(x, Y_0)$$

当且仅当存在 $(\bar{x}, \bar{y}) \in X_0 \times Y_0$ 使得

$$F(\bar{x}, \bar{y}) = \min \bigcup_{y \in Y_0} F(\bar{x}, y) = \max \bigcup_{x \in X_0} F(x, \bar{y}).$$

证明 假设存在 $(\bar{x}, \bar{y}) \in X_0 \times Y_0$ 使得

$$F(\bar{x}, \bar{y}) = \min \bigcup_{y \in Y_0} F(\bar{x}, y) = \max \bigcup_{x \in X_0} F(x, \bar{y}).$$

然后,

$$\max \bigcup_{x \in X_0} \min F(x, Y_0) \geqslant \min \bigcup_{y \in Y_0} F(\bar{x}, y) = \max \bigcup_{x \in X_0} F(x, \bar{y})$$
$$\geqslant \min \bigcup_{y \in Y_0} \max F(X_0, y).$$

因此,

$$\min \bigcup_{y \in Y_0} \max F(X_0, y) \leqslant \max \bigcup_{x \in X_0} \min F(x, Y_0).$$

即

$$\min \bigcup_{y \in Y_0} \max F(X_0, y) = \max \bigcup_{x \in X_0} \min F(x, Y_0). \tag{2.3}$$

反过来, 如果 (2.3) 成立, 由定理 2.2.2 的证明可知, 存在 $(\bar{x}, \bar{y}) \in X_0 \times Y_0$ 使得

$$F(\bar{x}, \bar{y}) = \min \bigcup_{y \in Y_0} F(\bar{x}, y) = \max \bigcup_{x \in X_0} F(x, \bar{y}).$$

定理得证.

2.3 向量值集值映射的极大极小定理和锥鞍点定理

本节给出一个向量值集值映射的锥鞍点定理, 并由此定理得到一类新的向量值集值映射的极大极小定理.

设 u 为一个从 V 到 R 上的单值函数. 如果 u 满足对所有的 $z_1, z_2 \in V$,

$$z_1 \in z_2 - \mathrm{int}S \Rightarrow u(z_1) < u(z_2),$$

则称 u 是严格单调增加的.

定理 2.3.1 令 X_0 和 Y_0 分别为 X 和 Y 的两个非空的紧凸子集. 假设 $F : X_0 \times Y_0 \to 2^V$ 是一个带有非空紧值的连续集值映射且存在一个从 V 到 R 上的严格单调增加连续函数 u 使得下列条件满足:

(i) 对每一 $x \in X_0$, $u(F(x, \cdot))$ 在 Y_0 上是 (I) 真 R_+-拟凸的;

(ii) 对每一 $y \in Y_0$, $u(F(\cdot, y))$ 在 X_0 上是 (I) R_+-拟凹的;

(iii) 对每一 $y \in Y_0$, 都存在 $x_y \in X_0$ 使得

$$\min u(F(x_y, y)) \geqslant \min \bigcup_{y \in Y_0} \max u(F(X_0, y)).$$

则至少存在 F 在 $X_0 \times Y_0$ 上的一个弱 S-鞍点.

证明   由假设可知, $u \circ F$ 满足定理 2.2.2 的所有条件. 即, 存在 $(\bar{x}, \bar{y}) \in X_0 \times Y_0$ 使得

$$u(F(\bar{x}, \bar{y})) = \min \bigcup_{y \in Y_0} u(F(\bar{x}, y)) = \max \bigcup_{x \in X_0} u(F(x, \bar{y})).$$

因为 u 是严格单调增加的, 所以对任意的 $z \in F(\bar{x}, \bar{y})$, 有

$$z \in \mathrm{Max}_w \bigcup_{x \in X_0} F(x, \bar{y}) \bigcap \mathrm{Min}_w \bigcup_{y \in Y_0} F(\bar{x}, y).$$

因此, $(\bar{x}, \bar{y})$ 是 F 的一个弱 S-鞍点. 定理得证.

注 2.3.1   当 F 退化为一个向量值映射时, 定理 2.3.1 的条件 (iii) 总是成立的. 所以, 定理 2.3.1 是向量值函数锥鞍点定理的一个推广.

下面举例解释定理 2.3.1.

例 2.3.1   令 $X = Y = R, V = R^2, X_0 = Y_0 = [0,1], S = R_+^2$ 且 $M = \{(u, 0) \,|\, 0 \leqslant u \leqslant 1\}$. 定义向量值映射 $f : [0,1] \times [0,1] \to R^2$ 和集值映射 $F : [0,1] \times [0,1] \to 2^{R^2}$ 如下:

$$f(x, y) = (x, xy),$$

$$F(x, y) = f(x, y) + M.$$

显然, F 是带有非空紧值的连续集值映射. 定义标量化函数 $u : R^2 \to R$ 如下:

$$u(x_1, x_2) = x_2, \quad (x_1, x_2) \in R^2.$$

值得注意的是, u 是一个严格单调增加连续函数且 $u(F(x, y)) = xy$. 这样, 定理 2.3.1 的所有条件都满足, 因此定理 2.3.1 的结论成立. 事实上, 通过简单的计算,

$$\mathrm{Max}_w \bigcup_{x \in X_0} F(x, y) = \begin{cases} \{(u, 0) \,|\, 0 \leqslant u \leqslant 2\}, & y = 0, \\ \{(u, y) \,|\, 1 \leqslant u \leqslant 2\}, & y \in (0, 1], \end{cases}$$

且对每一个 $x \in X_0$,

$$\mathrm{Min}_w \bigcup_{y \in X_0} F(x, y) = \{(x, u) \,|\, 0 \leqslant u \leqslant x\} \bigcup \{(u, 0) \,|\, x \leqslant u \leqslant x + 1\}.$$

取 $\bar{x} = 1$ 和 $\bar{y} = 0$,

$$F(1, 0) = \{(u, 0) \,|\, 1 \leqslant u \leqslant 2\}, \quad \mathrm{Max}_w \bigcup_{x \in X_0} F(x, 0) = \{(u, 0) \,|\, 0 \leqslant u \leqslant 2\}$$

且

$$\text{Min}_w \bigcup_{y \in Y_0} F(1, y) = \{(1, u) \,|\, 0 \leqslant u \leqslant 1\} \bigcup \{(v, 0) \,|\, 1 \leqslant v \leqslant 2\}.$$

然后,

$$F(1, 0) \bigcap \text{max}_w \bigcup_{x \in X_0} F(x, 0) \bigcap \text{min}_w \bigcup_{y \in Y_0} F(1, y) = \{(u, 0) \,|\, 1 \leqslant u \leqslant 2\}.$$

即, $(1, 0)$ 是 F 的一个 S-鞍点.

定理 2.3.2 假设定理 2.3.1 的所有假设都满足, 则有

$$\exists z_1 \in \text{Max} \bigcup_{x \in X_0} \text{Min}_w F(x, Y_0) \quad 和 \quad \exists z_2 \in \text{Min} \bigcup_{y \in Y_0} \text{Max}_w F(X_0, y)$$

使得

$$z_1 \in z_2 + S. \tag{2.4}$$

证明 由假设和引理 1.1.1、引理 1.2.3、引理 1.2.4 可知,

$$\text{Max} \bigcup_{x \in X_0} \text{Min}_w F(x, Y_0) \neq \varnothing \quad 且 \quad \text{Min} \bigcup_{y \in Y_0} \text{Max}_w F(X_0, y) \neq \varnothing.$$

然后, 由定理 2.3.1 可得, 存在 $(\bar{x}, \bar{y}) \in X_0 \times Y_0$ 使得

$$\text{Min}_w \bigcup_{y \in Y_0} F(\bar{x}, y) \bigcap \text{Max}_w \bigcup_{x \in X_0} F(x, \bar{y}) \neq \varnothing.$$

由引理 1.2.3 和引理 1.2.4 得, $\bigcup_{x \in X_0} \text{Min}_w F(x, Y_0)$ 和 $\bigcup_{y \in Y_0} \text{Max}_w F(X_0, y_0)$ 是两个紧集. 这样, 再由引理 1.2.1 得

$$\text{Min}_w \bigcup_{y \in Y_0} F(\bar{x}, y) \subset \bigcup_{x \in X_0} \text{Min}_w F(x, Y_0) \subset \text{Max} \bigcup_{x \in X_0} \text{Min}_w F(x, Y_0) - S$$

和

$$\text{Max}_w \bigcup_{x \in X_0} F(x, \bar{y}) \subset \bigcup_{y \in Y_0} \text{Max}_w F(X_0, y) \subset \text{Min} \bigcup_{y \in Y_0} \text{Max}_w F(X_0, y) + S.$$

即, 对每一个

$$u \in \text{Min}_w \bigcup_{y \in Y_0} F(\bar{x}, y) \quad 和 \quad v \in \text{Max}_w \bigcup_{x \in X_0} F(x, \bar{y}),$$

都对应存在

$$z_1 \in \text{Max} \bigcup_{x \in X_0} \text{Min}_w F(x, Y_0) \quad 和 \quad z_2 \in \text{Min} \bigcup_{y \in Y_0} \text{Max}_w F(X_0, y)$$

使得

$$u \in z_1 - S \quad 和 \quad v \in z_2 + S.$$

特殊地, 取 $u = v$, 有 $z_1 \in z_2 + S$. 定理得证.

注 2.3.2　当 F 退化为一个向量值映射时, 定理 2.3.2 就退化为文献 [18] 中相应的结论.

下面举例解释定理 2.3.2.

例 2.3.2　继续考虑例 2.3.1. 显然, 定理 2.3.2 的所有条件都成立. 因此, 定理 2.3.2 的结论成立. 事实上, 由例 2.3.1 可得

$$\mathrm{Max}_w \bigcup_{x \in X_0} F(x,y) = \begin{cases} \{(u,0)\,|0 \leqslant u \leqslant 2\}, & y = 0, \\ \{(u,y)\,|1 \leqslant u \leqslant 2\}, & y \in (0,1], \end{cases}$$

且对所有 $x \in X_0$,

$$\mathrm{Min}_w \bigcup_{y \in X_0} F(x,y) = \{(x,u)\,|0 \leqslant u \leqslant x\} \bigcup \{(u,0)\,|x \leqslant u \leqslant x+1\}.$$

然后,

$$\bigcup_{x \in X_0} \mathrm{Min}_w F(x, Y_0) = \{(u,v)\,|0 \leqslant u \leqslant 1, 0 \leqslant v \leqslant u\} \bigcup \{(u,0)\,|1 \leqslant u \leqslant 2\},$$

且

$$\bigcup_{y \in Y_0} \mathrm{Max}_w F(X_0, y) = \{(u,0)\,|0 \leqslant u \leqslant 1\} \bigcup \{(u,v)\,|1 \leqslant u \leqslant 2, 0 \leqslant v \leqslant 1\}.$$

因此,

$$\mathrm{Min} \bigcup_{y \in Y_0} \mathrm{Max}_w F(X_0, y) = \{(0,0)\},$$

$$\mathrm{Max} \bigcup_{x \in X_0} \mathrm{Min}_w F(x, Y_0) = \{(1,1)\} \bigcup \{(u,0)\,|1 < u \leqslant 2\}.$$

取 $(1,1) \in \mathrm{Max} \bigcup_{x \in X_0} \mathrm{Min}_w F(x, Y_0)$, 有

$$(1,1) \in (0,0) + S.$$

2.4　本 章 小 结

本章主要研究了集值映射的极大极小问题, 包括极大极小定理和锥鞍点定理. 首先, 应用著名的 Fan-Browder 不动点定理, 建立了一个新的标量值集值映射的极大极小定理, 详见定理 2.2.1. 作为应用, 首次得到了由 Luc 等提出的如下集值映射的锥鞍点的标量情形的存在性定理,

$$F(x,y) \bigcap \mathrm{Max}_w \bigcup_{x \in X_0} F(x,y) \bigcap \mathrm{Min}_w \bigcup_{y \in Y_0} F(x,y) \neq \varnothing,$$

详见定理 2.2.2. 并得到了两者的等价关系, 详见定理 2.2.3.

同时, 本章的最后利用标量化的方法得到了向量值集值映射的锥鞍点存在性定理, 并建立了如下的类似于 Tanaka 提出的向量情形的集值映射的极大极小定理

$$\exists z_1 \in \mathrm{Max}\bigcup_{x \in X_0} \mathrm{Min}_w F(x, Y_0) \quad \text{和} \quad \exists z_2 \in \mathrm{Min}\bigcup_{y \in Y_0} \mathrm{Max}_w F(X_0, y)$$

使得

$$z_1 \in z_2 + S.$$

第3章 向量集值极大极小问题

随着向量优化的不断发展, 越来越多的学者开始研究向量极大极小问题. Ferro[2] 应用标量化方法和凸集分离定理, 在连续性假设、凸凹假设和一个包含假设下, 得到了一个广义向量值映射的极大极小定理, 并且用详细的例子说明了这样的一个包含假设在定理中是不可或缺的和合理的. 但是 Ferro 为了使用凸集分离定理, 在锥真拟凸条件下, 强制性地将一个向量优化意义下的最大值函数变成一个单点. 这对向量优化意义下的极大极小定理是非常不合理的. 为了解决这一问题, 陈光亚[25] 引入了集值映射锥凸的定义, 成功地解决了这一问题. Ferro[26] 应用有限交性质和紧性假设, 在连续性假设、凸凹假设和一个类似于上面包含假设的条件下, 得到了另外一类广义向量值映射的极大极小定理, 除此之外, Ferro 在文章中给出了八个类似于上面包含假设的条件, 并给出了非常详细的例子解释, 比较了这些假设条件. 龚循华[27] 利用一个不动点定理, 在一个方向下降假设、紧性假设、锥拟凸 (凹) 假设和连续性假设下, 研究了向量优化意义下的向量值映射的理想解的极大极小定理和锥鞍点定理, 同时他还强调了对理想解的极大极小问题, 其序锥不要求有非空的拓扑内部. 由于有限维空间中的字典锥是非开非闭的, 所以在研究字典序下的向量值映射的极大极小问题时, 就会遇到即使在向量值映射是连续的假设下也不能保证最大值函数、最小值函数是连续的. 李小兵等[28] 利用一致同阶向量值映射的特殊性质, 在没有任何凸性假设下, 解决了这一问题并研究了字典序意义下的一致同阶向量值映射的极大极小定理和鞍点定理, 同时, 在极大极小定理和鞍点定理之间建立了一个等价的关系. 也有文献研究了向量值映射的极大极小定理的应用. 陈光亚和李声杰[29] 通过使用一个仿射的向量值映射的极大极小定理, 得到了一个广义向量变分不等式的存在性定理. Lin 和 Chen[30] 通过使用广义向量值映射的极大极小定理和广义 Knaster-Kuratowski-Mazurkiewicz(KKM) 定理得到了两类带有向量值映射的广义向量平衡问题的存在性定理.

对于向量集值极大极小定理, 目前主要方法是应用标量极大极小定理和线性 (非线性) 标量化函数来得到相应的结论, 但是利用此方法就会遇到一系列问题. 首先, 使用标量化的方法可以很容易得到定理所需求的锥凸凹性假设, 但是对于得到集值极大极小定理中最重要的包含假设则要困难得多. 其次, 在建立标量值集值极大极小定理时, 需要一个 H 假设. 如果应用标量化的方法来得到相应向量的情况, 就需要给出充分性假设来使得集值映射和标量化函数复合后的标量值集值映射满足这样的一个 H 假设. 从目前的研究来看, 这似乎是不可解决的一个难题. 至少到目前为止, 没有办法可以解决它. 本章考虑在不用标量化的方法的前提下, 直接得到相应的向量值集值映射的极大极小定理, 从而避免上述问题. 因此, 本章利用有限交性质, 得到了两类向量值集值映射的极大极小不等式. 通过此方法, 可以将假设直接加到集值映射上去, 不需要集值映射和标量化函数的复合的假设, 从而使得我们的定理的假设更容易验证.

3.1 预 备 知 识

本节主要介绍本章中所使用的一些基本概念, 并给出一些相应的性质.

引理 3.1.1 令 $F : X \to 2^V$ 为一个带有非空值的集值映射. 如果 F 是下半连续的, 则 F 也是拟下半连续的.

证明 设 $b \in V, x_0 \in X, F(x_0) \not\subset b - S$. 则有

$$F(x_0) \bigcap (b + V \backslash (-S)) \neq \varnothing.$$

由 F 的下半连续性和 S 的闭性可知, 存在一个 x_0 的邻域 $N(x_0)$ 使得

$$F(x) \bigcap (b + V \backslash (-S)) \neq \varnothing, \quad \forall x \in N(x_0).$$

因此, 对每一 $x \in N(x_0), F(x) \not\subset b - S$. 引理证毕.

定义 3.1.1 设 X_0 为 X 中的非空凸子集, 且 $F : X_0 \to 2^V$ 为一个带有非空值的集值映射.

(i) 如果对任意的 $x_1, x_2 \in X_0$ 和 $l \in [0, 1]$,

$$lF(x_1) + (1 - l)F(x_2) \subset F(lx_1 + (1 - l)x_2) - S,$$

则称 F 在 X_0 上是 S-凹的;

(ii) 如果对任意的 $x_1, x_2 \in X_0$ 和 $l \in [0, 1]$,

$$F(lx_1 + (1 - l)x_2) \subset F(x_1) - S \quad \text{或} \quad F(lx_1 + (1 - l)x_2) \subset F(x_2) - S,$$

则称 F 在 X_0 上是 (II) 真 S-拟凸的;

(iii) 如果对任意的 $z \in V$, 水平集

$$\text{Lev}_F(z) = \{x \in X_0 : \exists t \in F(x) \text{s.t.} t \in z - S\}$$

是凸的, 则称 F 在 X_0 上是 (II) S-拟凸的 (见文献 [3]). 如果 $-F$ 是 (II) S-拟凸的, 则称 F 是 (II) S-拟凹的.

注 3.1.1　　如果 F 退化为一个向量值映射, 则其相应的 S-凹、(II) 真 S-拟凸和 (II) S-拟凸就分别退化为对应的向量值映射的概念.

引理 3.1.2　令 $A \subset V$ 为一个非空的紧子集. 则有

$$A - \mathrm{Max}_w A \subset V \backslash \mathrm{int} S.$$

证明　假设

$$A - \mathrm{Max}_w A \not\subset V \backslash \mathrm{int} S,$$

即, 存在

$$a \in A, \quad \bar{a} \in \mathrm{Max}_w A$$

使得

$$a - \bar{a} \in \mathrm{int} S.$$

这与弱有效解的定义相矛盾. 引理证毕.

3.2　向量集值极大极小定理

本节得到了两类集值映射的极大极小定理, 并举例说明其结论改进和推广了相应文章中的结论.

定理 3.2.1　令 X_0 和 Y_0 分别为 X 和 Y 的两个非空的紧凸子集. 假设满足下列条件:

(i) $F : X_0 \times Y_0 \to 2^V$ 是一个带有非空紧值的连续集值映射;

(ii) 对每一 $x \in X_0$, $F(x, \cdot)$ 在 Y_0 上是 (II) 真 S-拟凸的;

(iii) 对每一 $y \in Y_0$, $F(\cdot, y)$ 在 X_0 上是 S-凹的;

(iv) 对每一 $x \in X_0$, 都存在 $y_x \in Y_0$ 使得

$$F(x, y_x) - \mathrm{Max}_w \bigcup_{x \in X_0} \mathrm{Min}_w F(x, Y_0) \subset V \backslash \mathrm{int} S.$$

则有

$$\mathrm{Max}_w \bigcup_{x \in X_0} \mathrm{Min}_w F(x, Y_0) \subset \mathrm{Min} \bigcup_{y \in Y_0} \mathrm{Max}_w F(X_0, y_0) + V \backslash (-\mathrm{int} S). \tag{3.1}$$

证明　因为 F 是带有紧值的连续集值映射且 X_0 是紧的, 由引理 1.1.1、引理 1.2.3、引理 1.2.4 可知,

$$\mathrm{Max}_w \bigcup_{x \in X_0} \mathrm{Min}_w F(x, Y_0) \neq \varnothing.$$

令 $\alpha \in \text{Max}_w \bigcup_{x \in X_0} \text{Min}_w F(x, Y_0)$. 定义一个集值映射 $G : X_0 \to 2^{Y_0}$

$$G(x) = \{y \in Y_0 : F(x, y) \bigcap (\alpha + \text{int}S) = \varnothing\}, \quad x \in X_0.$$

首先, 证明对每一个 $x \in X_0$, $G(x)$ 是非空值的.

如果存在 $\bar{x} \in X_0$ 使得 $G(\bar{x}) = \varnothing$, 则由 $G(x)$ 的定义, 有

$$F(\bar{x}, y) \bigcap (\alpha + \text{int}S) \neq \varnothing, \quad \forall y \in Y_0.$$

这显然与条件 (iii) 矛盾. 因此, 对每一个 $x \in X_0$, $G(x)$ 是非空值的.

其次, 证明对每一个 $x \in X_0$, $G(x)$ 都是一个闭集. 事实上, 对任意的 $x \in X_0$, 令网 $\{y_\alpha : \alpha \in I\} \subset G(x)$ 和 $y_\alpha \to y_0$. 由 $F(x, \cdot)$ 是下半连续的可知, 对任意的 $z_0 \in F(x, y_0)$, 存在 $z_\alpha \in F(x, y_\alpha)$ 使得

$$z_\alpha \to z_0.$$

因为对任意的 α, 有 $y_\alpha \in G(x)$, 所以

$$z_\alpha \in V \backslash (\alpha + \text{int}S).$$

再由 $V \backslash (\alpha + \text{int}S)$ 的闭性可知,

$$z_0 \in V \backslash (\alpha + \text{int}S).$$

然后, 由 z_0 的任意性, 有

$$y_0 \in G(x) = \{y \in Y_0 : F(x, y) \bigcap (\alpha + \text{int}S) = \varnothing\}.$$

因此, 对每一个 $x \in X_0$, $G(x)$ 是一个闭集.

下面, 证明对任意的 $x \in X_0$, $G(x)$ 是一个凸集. 事实上, 对任意的 $x \in X_0$, 令 $y_1, y_2 \in G(x)$ 和 $\lambda \in [0, 1]$. 这样, 由 $G(x)$ 的定义可知,

$$F(x, y_1) \bigcap (\alpha + \text{int}S) = \varnothing \quad \text{和} \quad F(x, y_2) \bigcap (\alpha + \text{int}S) = \varnothing. \tag{3.2}$$

假设 $\lambda_0 \in [0, 1]$ 且 $\lambda_0 y_1 + (1 - \lambda_0) y_2 \notin G(x)$. 则存在 $z \in F(x, \lambda_0 y_1 + (1 - \lambda_0) y_2)$ 使得

$$z \in \alpha + \text{int}S.$$

由条件 (ii) 知, 存在 $z_1 \in F(x, y_1)$ 和 $z_2 \in F(x, y_2)$ 使得

$$z_1 \in \alpha + \text{int}S \quad \text{或} \quad z_2 \in \alpha + \text{int}S.$$

这与 (3.2) 是矛盾的. 因此, 对每一个 $x \in X_0$, $G(x)$ 是一个凸集.

现在, 证明对任意的 $x_1, x_2 \in X_0$ 和 $\lambda \in [0, 1]$,

$$G(\lambda x_1 + (1 - \lambda)x_2) \subset G(x_1) \bigcup G(x_2). \tag{3.3}$$

事实上, 如果存在

$$y \in G(\lambda x_1 + (1 - \lambda)x_2) \ \text{且} \ y \notin G(x_1) \bigcup G(x_2),$$

则存在 $z_1 \in F(x_1, y)$ 和 $z_2 \in F(x_1, y)$ 使得

$$\lambda z_1 + (1 - \lambda)z_2 \in \alpha + \mathrm{int}S.$$

由条件 (iii) 得, 存在 $z \in F(\lambda x_1 + (1 - \lambda)x_2, y)$ 使得

$$z \in \alpha + \mathrm{int}S.$$

这是一个矛盾. 因此, (3.3) 成立.

下面证明

$$\bigcap_{x \in X_0} G(x) \neq \varnothing. \tag{3.4}$$

事实上, 因为 Y_0 是紧集, 仅需要证明

$$\{G(x) : x \in X_0\}$$

有有限交性质即可.

首先, 证明对任意的 $x_1, x_2 \in X_0$,

$$G(x_1) \bigcap G(x_2) \neq \varnothing.$$

假设 $G(x_1) \bigcap G(x_2) = \varnothing$. 则有

$$G(\lambda x_1 + (1 - \lambda)x_2) \subset G(x_1) \backslash G(x_2) \ \text{或} \ G(\lambda x_1 + (1 - \lambda)x_2) \subset G(x_2) \backslash G(x_1). \tag{3.5}$$

如果 (3.5) 不成立, 则存在 $y', y'' \in Y_0$ 使得

$$y' \in G(\lambda x_1 + (1 - \lambda)x_2) \bigcap G(x_1) \ \text{和} \ y'' \in G(\lambda x_1 + (1 - \lambda)x_2) \bigcap G(x_2).$$

由 $G(x)$ 的凸性可知, 对任意的 $\mu \in (0, 1)$,

$$\mu y' + (1 - \mu)y'' \in G(\lambda x_1 + (1 - \lambda)x_2).$$

由假设知, 存在 $\mu_0 \in (0, 1)$ 使得

$$\mu_0 y' + (1 - \mu_0) y'' \notin G(x_1) \bigcup G(x_2).$$

这与 (3.3) 矛盾. 即 (3.5) 成立.

现在证明, 如果存在 $\lambda_0 \in (0, 1)$ 使得

$$G(\lambda_0 x_1 + (1 - \lambda_0) x_2) \subset G(x_1),$$

则在 λ_0 的一个邻域内有

$$G(\lambda x_1 + (1 - \lambda) x_2) \subset G(x_1), \tag{3.6}$$

事实上, 如果 $G(\lambda_0 x_1 + (1 - \lambda_0) x_2) \subset G(x_1)$, 由 (3.5) 有

$$G(\lambda_0 x_1 + (1 - \lambda_0) x_2) \bigcap G(x_2) = \varnothing,$$

即

$$F(\lambda_0 x_1 + (1 - \lambda_0) x_2, y) \bigcap (\alpha + \text{int} S) \neq \varnothing, \quad \forall y \in G(x_2).$$

由 F 是下半连续的可知, 对每一个 $y \in G(x_2)$, 都存在一个 y 的邻域 N_y 和 λ_0 的一个邻域 $N_y(\lambda_0)$ 使得

$$F(\lambda x_1 + (1 - \lambda) x_2, z) \bigcap (\alpha + \text{int} S) \neq \varnothing, \quad \forall (\lambda, z) \in N_y(\lambda_0) \times N_y.$$

显然,

$$G(x_2) \subset \bigcup_{y \in G(x_2)} N_y.$$

再由 Y_0 的紧性和 $G(x)$ 的闭性, 存在一个 $G(x_2)$ 中的有限点集 $\{y_1, \cdots, y_n\}$ 使得

$$G(x_2) \subset \bigcup_{i=1}^{n} N_{y_i}.$$

令 $N(\lambda_0) = \bigcap_{i=1}^{n} N_{y_i}(\lambda_0)$. 显然, $N(\lambda_0)$ 是 λ_0 的一个邻域且对所有的 $\lambda \in N(\lambda_0) \bigcap (0, 1)$, 有

$$F(\lambda x_1 + (1 - \lambda) x_2, y) \bigcap (\alpha + \text{int} S) \neq \varnothing, \quad \forall y \in G(x_2).$$

然后,

$$G(\lambda x_1 + (1 - \lambda) x_2) \subset G(x_1), \quad \forall \lambda \in N(\lambda_0) \bigcap (0, 1).$$

类似地, 如果存在 $\lambda_0 \in (0, 1)$ 使得

$$G(\lambda_0 x_1 + (1 - \lambda_0) x_2) \subset G(x_2),$$

则在 λ_0 的一个邻域内有

$$G(\lambda x_1 + (1-\lambda)x_2) \subset G(x_2).$$

令

$$T_1 = \{\lambda \in (0,1) : G(\lambda x_1 + (1-\lambda)x_2) \subset G(x_1)\}$$

和

$$T_2 = \{\lambda \in (0,1) : G(\lambda x_1 + (1-\lambda)x_2) \subset G(x_2)\}.$$

由上所述, T_1 和 T_2 是两个开集. 由 (3.3) 和 (3.5) 得

$$T_1 \bigcup T_2 = (0,1) \quad 且 \quad T_1 \bigcap T_2 = \varnothing.$$

这样, $(0,1)$ 不是一个连通集. 所以假设不成立, 即

$$G(x_1)\bigcap G(x_2) \neq \varnothing.$$

假设对每一个 X_0 中的点集 $\{x_1, \cdots, x_k\}(k \leqslant n)$ 有

$$\bigcap_{i=1}^{k} G(x_i) \neq \varnothing.$$

令 $\{x_1, \cdots, x_{n+1}\} \subset X_0$ 和 $A = \bigcap_{i=3}^{n+1} G(x_i)$. 定义集值映射 G' 如下:

$$G'(x) = G(x)\bigcap A,$$

即

$$G'(x) = \{y \in A : F(x,y)\bigcap(\alpha + \mathrm{int}S) = \varnothing\}, \quad \forall x \in X_0.$$

这样, 由假设可知, 对每一个 $x \in X_0$, $G'(x)$ 是一个非空值的闭凸集.

由 (3.3) 和 G' 的定义知, 对任意的 $x', x'' \in X_0$ 和 $\lambda \in [0,1]$,

$$G'(\lambda x' + (1-\lambda)x'') \subset G'(x')\bigcup G'(x'').$$

类似地, 可以获得

$$G'(x')\bigcap G'(x'') \neq \varnothing.$$

这就暗示了

$$\bigcap_{i=1}^{n+1} G(x_i) \neq \varnothing.$$

因此, (3.4) 成立, 即, 存在 $\bar{y} \in Y_0$ 使得

$$F(x,\bar{y})\bigcap(\alpha + \mathrm{int}S) = \varnothing, \quad \forall x \in X_0.$$

由 x 的任意性,

$$\text{Max}_w F(X_0, \bar{y}) \bigcap (\alpha + \text{int}S) = \varnothing. \tag{3.7}$$

由 (3.7) 和引理 1.1.1 可知,

$$\alpha \in \text{Max}_w F(X_0, \bar{y}) + V \backslash (-\text{int}S) \subset \bigcup_{y \in Y_0} \text{Max}_w F(X_0, y) + V \backslash (-\text{int}S)$$
$$\subset \text{Min} \bigcup_{y \in Y_0} \text{Max}_w F(X_0, y) + S + V \backslash (-\text{int}S)$$
$$= \text{Min} \bigcup_{y \in Y_0} \text{Max}_w F(X_0, y) + V \backslash (-\text{int}S).$$

因此, (3.1) 成立. 定理证毕.

注 3.2.1 当 F 退化为一个单值映射时, 定理 3.2.1 的条件 (iv) 总是成立的. 事实上, 由引理 1.2.3 和引理 1.2.4 得

$$\bigcup_{x \in X_0} \text{Min}_w F(x, Y_0)$$

是一个紧集. 然后, 再由引理 3.1.2 得

$$\bigcup_{x \in X_0} \text{Min}_w F(x, Y_0) - \text{Max}_w \bigcup_{x \in X_0} \text{Min}_w F(x, Y_0) \subset V \backslash \text{int}S$$

这样, 对任意的 $x \in X_0$, 都存在 $y_x \in Y_0$ 使得

$$F(x, y_x) \in \text{Min}_w F(x, Y_0).$$

因此, 定理 3.2.1 的条件 (iv) 总是成立的.

推论 3.2.1 令 X_0 和 Y_0 分别为 X 和 Y 的两个非空的紧凸子集. 假设满足下列条件:

(i) $f : X_0 \times Y_0 \to V$ 是一个连续的向量值映射;

(ii) 对每一个 $x \in X_0$, $f(x, \cdot)$ 在 Y_0 上是真 S-拟凸的;

(iii) 对每一个 $y \in Y_0$, $f(\cdot, y)$ 在 X_0 上是 S-凹的.

则有

$$\text{Max}_w \bigcup_{x \in X_0} \text{Min}_w f(x, Y_0) \subset \text{Min} \bigcup_{y \in Y_0} \text{Max}_w f(X_0, y_0) + V \backslash (-\text{int}S).$$

证明 因为 f 是一个向量值映射, 由定理 3.2.1 和注 3.2.1 知, 此结论成立.

定理 3.2.2 令 X_0 和 Y_0 分别为 X 和 Y 的两个非空的紧凸子集. 假设 X_0, Y_0 满足下列条件:

(i) $F : X_0 \times Y_0 \to 2^V$ 是一个带有非空紧值的连续集值映射;

(ii) 对每一 $x \in X_0$, 对所有的 $z \in \text{Max} \bigcup_{x \in X_0} \text{Min}_w F(x, Y_0)$, 水平集

$$\text{lev}_F(z) = \{y \in Y_0 : F(x, y) \subset z - S\}$$

是凸的;

(iii) 对每一 $y \in Y_0$, $F(\cdot, y)$ 在 X_0 上是 (I) 真 S-拟凹的;

(iv) 对每一 $x \in X_0$, 都存在 $y_x \in Y_0$ 使得

$$F(x, y_x) - \mathrm{Max}\bigcup_{x \in X_0}\mathrm{Min}_w F(x, Y_0) \subset -S.$$

则有

$$\mathrm{Max}\bigcup_{x \in X_0}\mathrm{Min}_w F(x, Y_0) \subset \mathrm{Min}\bigcup_{y \in Y_0}\mathrm{Max}_w F(X_0, y) + S. \tag{3.8}$$

证明　因为 F 是带有紧值的连续集值映射且 X_0 是紧的, 所以由引理 1.1.1、引理 1.2.3、引理 1.2.4 可知,

$$\mathrm{Max}\bigcup_{x \in X_0}\mathrm{Min}_w F(x, Y_0) \neq \varnothing.$$

令 $\beta \in \mathrm{Max}\bigcup_{x \in X_0}\mathrm{Min}_w F(x, Y_0)$. 定义集值映射 $W : X_0 \to 2^{Y_0}$

$$W(x) = \{y \in Y_0 : F(x, y) \subset \beta - S\}, \quad x \in X_0.$$

首先, 证明对每一个 $x \in X_0$, $W(x)$ 是非空的. 如果存在 $\bar{x} \in X_0$ 使得 $W(\bar{x}) = \varnothing$, 则由 W 的定义知,

$$F(\bar{x}, y) \not\subset \beta - S, \quad \forall y \in Y_0.$$

显然, 这与条件 (iv) 矛盾. 因此, 对每一个 $x \in X_0$, $W(x)$ 都是非空的.

其次, 证明对每一个 $x \in X_0$, $W(x)$ 是一个闭集. 事实上, 对每一个 $x \in X_0$, 令网 $\{y_\alpha : \alpha \in I\} \subset W(x)$ 且 $y_\alpha \to y_0$. 再由 $F(x, \cdot)$ 的下半连续性可知, 对任意的 $z_0 \in F(x, y_0)$, 都存在 $z_\alpha \in F(x, y_\alpha)$ 使得

$$z_\alpha \to z_0.$$

因为对任意的 α, 有 $y_\alpha \in W(x)$, 所以

$$z_\alpha \in \beta - S.$$

再由锥 S 的闭性可得

$$z_0 \in \beta - S.$$

之后, 由 z_0 的任意性,

$$y_0 \in W(x) = \{y \in Y_0 : F(x, y) \subset \beta - S\}.$$

即, 对任意的 $x \in X_0$, $W(x)$ 是一个闭集.

显然, 由条件 (ii) 知, 对每一个 $x \in X_0$, $W(x)$ 是一个凸集.

现在, 断言对任意的 $x_1, x_2 \in X_0$ 和 $\lambda \in [0,1]$,

$$W(\lambda x_1 + (1-\lambda)x_2) \subset W(x_1) \bigcup W(x_2). \tag{3.9}$$

事实上, 对所有的 $y \in W(\lambda x_1 + (1-\lambda)x_2)$,

$$F(\lambda x_1 + (1-\lambda)x_2, y) \subset \beta - S.$$

然后, 由条件 (iii) 有

$$F(x_1, y) \subset \beta - S \quad \text{或} \quad F(x_2, y) \subset \beta - S.$$

因此, (3.9) 成立.

下面证明

$$\bigcap_{x \in X_0} W(x) \neq \varnothing. \tag{3.10}$$

事实上, 因为 Y_0 是紧的, 仅需要证明 $\{W(x) : x \in X_0\}$ 有限交性质即可.

首先, 证明对任意的 $x_1, x_2 \in X_0$,

$$W(x_1) \bigcap W(x_2) \neq \varnothing.$$

假设 $W(x_1) \bigcap W(x_2) = \varnothing$. 则有

$$W(\lambda x_1 + (1-\lambda)x_2) \subset W(x_1) \backslash W(x_2) \quad \text{或} \quad W(\lambda x_1 + (1-\lambda)x_2) \subset W(x_2) \backslash W(x_1). \tag{3.11}$$

如果 (3.11) 不成立, 则存在 $y', y'' \in Y_0$ 使得

$$y' \in W(\lambda x_1 + (1-\lambda)x_2) \bigcap W(x_1) \quad \text{和} \quad y'' \in W(\lambda x_1 + (1-\lambda)x_2) \bigcap W(x_2).$$

由 $W(x)$ 的凸性可知, 对任意的 $\mu \in (0,1)$,

$$\mu y' + (1-\mu)y'' \in W(\lambda x_1 + (1-\lambda)x_2).$$

由假设知, 存在 $\mu_0 \in (0,1)$ 使得

$$\mu_0 y' + (1-\mu_0)y'' \notin W(x_1) \bigcup W(x_2).$$

这与 (3.9) 矛盾. 即 (3.11) 成立.

现在证明, 如果存在 $\lambda_0 \in (0,1)$ 使得

$$W(\lambda_0 x_1 + (1-\lambda_0)x_2) \subset W(x_1),$$

则在 λ_0 的一个邻域内有

$$W(\lambda x_1 + (1-\lambda)x_2) \subset W(x_1), \tag{3.12}$$

事实上, 如果 $W(\lambda_0 x_1 + (1-\lambda_0)x_2) \subset W(x_1)$, 则由 (3.11) 有

$$W(\lambda_0 x_1 + (1-\lambda_0)x_2) \bigcap W(x_2) = \varnothing,$$

即

$$F(\lambda_0 x_1 + (1-\lambda_0)x_2, y) \not\subset \beta - S, \quad \forall y \in W(x_2).$$

由 F 是下半连续的可知, 对每一个 $y \in W(x_2)$, 都存在一个 y 的邻域 N_y 和 λ_0 的一个邻域 $N_y(\lambda_0)$ 使得

$$F(\lambda x_1 + (1-\lambda)x_2, z) \not\subset \beta - S, \quad \forall(\lambda, z) \in N_y(\lambda_0) \times N_y.$$

显然,

$$W(x_2) \subset \bigcup_{y \in G(x_2)} N_y.$$

再由 Y_0 的紧性和 $W(x)$ 的闭性, 存在一个 $W(x_2)$ 中的有限点集 $\{y_1, \cdots, y_n\}$ 使得

$$W(x_2) \subset \bigcup_{i=1}^{n} N_{y_i}.$$

令 $N(\lambda_0) = \bigcap_{i=1}^{n} N_{y_i}(\lambda_0)$. 显然, $N(\lambda_0)$ 是 λ_0 的一个邻域且对所有的 $\lambda \in N(\lambda_0) \bigcap (0,1)$,

$$F(\lambda x_1 + (1-\lambda)x_2, y) \subset \beta - S, \quad \forall y \in W(x_2).$$

然后,

$$W(\lambda x_1 + (1-\lambda)x_2) \subset W(x_1), \quad \forall \lambda \in N(\lambda_0) \bigcap (0,1).$$

类似地, 如果存在 $\lambda_0 \in (0,1)$ 使得

$$W(\lambda_0 x_1 + (1-\lambda_0)x_2) \subset W(x_2),$$

则在 λ_0 的一个邻域内有

$$W(\lambda x_1 + (1-\lambda)x_2) \subset W(x_2).$$

令

$$T_1 = \{\lambda \in (0,1) : W(\lambda x_1 + (1-\lambda)x_2) \subset W(x_1)\}$$

和

$$T_2 = \{\lambda \in (0,1) : W(\lambda x_1 + (1-\lambda)x_2) \subset W(x_2)\}.$$

由上所述, T_1 和 T_2 是两个开集. 由 (3.9) 和 (3.11) 得

$$T_1 \bigcup T_2 = (0,1) \quad \text{且} \quad T_1 \bigcap T_2 = \varnothing.$$

这样, $(0,1)$ 不是一个连通集. 所以假设不成立, 即

$$W(x_1) \bigcap W(x_2) \neq \varnothing.$$

假设对每一个 X_0 中的点集 $\{x_1, \cdots, x_k\}(k \leqslant n)$ 有

$$\bigcap_{i=1}^{k} W(x_i) \neq \varnothing.$$

令 $\{x_1, \cdots, x_{n+1}\} \subset X_0$ 和 $A = \bigcap_{i=3}^{n+1} W(x_i)$. 定义集值映射 W' 如下

$$W'(x) = W(x) \bigcap A,$$

即

$$W'(x) = \{y \in A : F(x,y) \subset \beta - S\}, \quad \forall x \in X_0.$$

这样, 由假设可知, 对每一个 $x \in X_0$, $W'(x)$ 是一个非空值的闭凸集.

由 (3.9) 和 W' 的定义知, 对任意的 $x', x'' \in X_0$ 和 $\lambda \in [0,1]$,

$$W'(\lambda x' + (1-\lambda)x'') \subset W'(x') \bigcup W'(x'').$$

类似地, 可以获得

$$W'(x') \bigcap W'(x'') \neq \varnothing.$$

这就暗示了

$$\bigcap_{i=1}^{n+1} W(x_i) \neq \varnothing.$$

即 (3.10) 成立, 即, 存在 $\bar{y} \in Y_0$ 使得

$$F(x, \bar{y}) \subset \beta - S, \quad \forall x \in X_0.$$

再由 x 的任意性,

$$\text{Max}_w F(X_0, \bar{y}) \subset \beta - S. \tag{3.13}$$

由 (3.13) 和引理 1.1.1 可知,

$$\beta \in \text{Max}_w F(X_0, \bar{y}) + S \subset \bigcup_{y \in Y_0} \text{Max}_w F(X_0, y) + S$$
$$\subset \text{Min} \bigcup_{y \in Y_0} \text{Max}_w F(X_0, y) + S + S$$
$$= \text{Min} \bigcup_{y \in Y_0} \text{Max}_w F(X_0, y) + S.$$

因此 (3.8) 成立. 定理得证.

注 3.2.2　(i) 定理 3.2.2 的条件 (ii) 可以被 "对任意的 $x \in X_0$, $F(x, \cdot)$ 在 Y_0 上是 (I) S-拟凸的" 替换.

(ii) 下面的例子说明了, 当 F 退化为一个向量值映射时, 定理 3.2.2 的条件 (iv) 不是恒成立的.

例 3.2.1　令 $X = Y = R$, $V = R^2$, $X_0 = Y_0 = [0, 1]$ 且 $S = \{(x, y) \in R^2 \mid x \geqslant 0, y \geqslant 0\}$. 定义向量值映射 f 如下,

$$f(x, y) = \{(xy, xz) \in R^2 \mid z = 1 - y^2\}, \quad x \in X_0, \ y \in Y_0.$$

由 f 的定义,

$$\operatorname{Min}_w f(x, Y_0) = \{(xy, xz) \in R^2 \mid z = 1 - y^2\}, \quad \forall x \in X_0.$$

这样,

$$\operatorname{Max} \bigcup_{x \in X_0} \operatorname{Min}_w f(x, Y_0) = \{(y, z) \in R^2 \mid z = 1 - y^2\}.$$

取 $x_0 = \dfrac{1}{2}$, 有

$$f(x_0, y) = \left\{ \frac{1}{2}(y, z) \in R^2 \Big| z = 1 - y^2 \right\}, \quad \forall y \in Y_0.$$

因此,

$$\operatorname{Max} \bigcup_{x \in X_0} \operatorname{Min}_w f(x, Y_0) \not\subset f(x_0, y) + S, \quad \forall y \in Y_0.$$

推论 3.2.2　令 X_0 和 Y_0 分别为 X 和 Y 的两个非空的紧凸子集. 假设满足下列条件:

(i) $f : X_0 \times Y_0 \to V$ 是一个连续的向量值映射;

(ii) 对每一 $x \in X_0$, 对所有的 $z \in \operatorname{Max} \bigcup_{x \in X_0} \operatorname{Min}_w f(x, Y_0)$, 水平集

$$\operatorname{lev}_F(z) = \{y \in Y_0 : f(x, y) \subset z - S\}$$

是凸的;

(iii) 对每一个 $y \in Y_0$, $f(\cdot, y)$ 在 X_0 上是真 S-拟凹的;

(iv) 对每一个 $x \in X_0$

$$\operatorname{Max} \bigcup_{x \in X_0} \operatorname{Min}_w f(x, Y_0) \subset f(x, Y_0) + S.$$

则有

$$\operatorname{Max} \bigcup_{x \in X_0} \operatorname{Min}_w f(x, Y_0) \subset \operatorname{Min} \bigcup_{y \in Y_0} \operatorname{Max}_w f(X_0, y) + S. \tag{3.14}$$

证明　令 $\gamma \in \text{Max}\bigcup_{x \in X_0} \text{Min}_w f(x, Y_0)$. 定义集值映射 $H : X_0 \to 2^{Y_0}$ 如下,

$$H(x) = \{y \in Y_0 : f(x, y) \in \gamma - S\}, \quad x \in X_0.$$

由条件 (iv) 得, 对所有的 $x \in X_0$, $H(x)$ 是非空的. 再由定理 3.2.2 得, (3.14) 成立. 证明得证.

注 3.2.3　如果对每一个 $x \in X_0$, $f(x, \cdot)$ 是 S-凸的, 或者是自然 S-拟凸的, 则对每一个 $x \in X_0$, $f(x, \cdot)$ 也是 S-拟凸的. 但是, 反之则不然. 这样, [2] 中的定理 3.1 和 [5] 中的推论 3.1 是推论 3.2.2 的特例. 下面的例子解释这一情况.

例 3.2.2　令

$$X = Y = R, \quad V = R^2, \quad X_0 = [-1, 1],$$
$$Y_0 = [0, 1] \quad \text{且} \quad S = \{(x, y) \in R^2 \,|\, x \geqslant 0, y \geqslant 0\}.$$

定义向量值映射 f 如下,

$$f(x, y) = (y, xy^2), \quad x \in X_0, \ y \in Y_0.$$

显然, 对任意的 $x \in X_0$, $f(x, \cdot)$ 在 Y_0 上是 S-拟凸的且对任意的 $y \in Y_0$, $f(\cdot, y)$ 在 X_0 上是 S-拟凹的. 但是, 对任意的 $x < 0$, $f(x, \cdot)$ 在 Y_0 上不是 S-凸和自然 S-拟凸的. 因此, [2] 中的定理 3.1 和 [5] 中的推论 3.1 是不可行的. 但由简单的计算, 可得

$$\bigcup_{x \in X_0} \text{Min}_w f(x, Y_0) = \{(x, y) \,|\, -x^2 \leqslant y \leqslant 0, x \in [0, 1]\}.$$

这样,

$$\text{Max}\bigcup_{x \in X_0} \text{Min}_w f(x, Y_0) = \{(1, 0)\}.$$

然后, 推论 3.2.2 中的条件 (iv) 成立, 即,

$$\text{Max}\bigcup_{x \in X_0} \text{Min}_w f(x, Y_0) \subset f(x, Y_0) + S, \quad \forall x \in X_0.$$

推论 3.2.2 的所有条件都成立. 所以, 结论 (3.14) 成立. 事实上,

$$\bigcup_{y \in Y_0} \text{Max}_w f(X_0, y) = \{(x, y) \,|\, -x^2 \leqslant y \leqslant x^2, x \in [0, 1]\}.$$

则

$$\text{Min}\bigcup_{y \in Y_0} \text{Max}_w f(X_0, y) = \{(x, y) \,|\, y = -x^2, x \in [0, 1]\}.$$

因此,

$$\text{Max}\bigcup_{x \in X_0} \text{Min}_w f(x, Y_0) \subset \text{Min}\bigcup_{y \in Y_0} \text{Max}_w f(X_0, y) + S.$$

3.3 本 章 小 结

本章主要研究了两类向量集值极大极小定理. 首先, 利用紧性假设和有限交性质, 得到了两类新的向量集值极大极小定理, 详见定理 3.2.1 和定理 3.2.2. 进一步, 对向量值集值映射极大极小定理, 得到了如下两个除紧性假设、凸凹性假设、连续性假设之外的新的假设条件:

(1) 对每一 $x \in X_0$, 都存在 $y_x \in Y_0$ 使得

$$F(x, y_x) - \text{Max}_w \bigcup_{x \in X_0} \text{Min}_w F(x, Y_0) \subset V \backslash \text{int} S;$$

(2) 对每一 $x \in X_0$, 都存在 $y_x \in Y_0$ 使得

$$F(x, y_x) - \text{Max} \bigcup_{x \in X_0} \text{Min}_w F(x, Y_0) \subset -S.$$

同已有文献中的假设不同的是, 这两个假设是直接加在集值映射 F 上的, 不需要使用标量化函数, 从而使得定理 3.2.1 和定理 3.2.2 的假设条件更容易验证.

第4章 向量集值 Ky Fan 极大极小定理

Ky Fan 极大极小定理在最优化问题中起着非常重要的作用. 实值情况下, 其与 Hartman-Stampacchia 变分不等式、Brouwer 不动点定理、FKKM(Fan-knaster-kuratowski-Mazurkiewicz) 定理是等价的. 这就激励着人们去研究向量和集值情形. 从目前文献来看, 向量的 Brouwer 不动点定理和 FKKM 定理可以得到向量值映射的 Ky Fan 极大极小定理, 反之, 则不然. 主要的原因在于向量值映射 Ky Fan 极大极小定理假设中有一个包含关系, 而向量的 Brouwer 不动点定理和 FKKM 定理的假设中没有类似的包含关系. 从对通过集值极大极小定理的研究中可以看出, 集值映射的极大极小定理和向量值映射的极大极小定理有着很大差异. 然而, 据我们所知, 少有文献讨论集值 Ky Fan 极大极小定理. 这就启发和激励我们去研究集值映射的情形. 另一方面, Tanaka 应用向量值映射的锥鞍点定理, 得到了一类新类型的向量的极大极小定理. 本章考虑能否建立此类集值 Ky Fan 极大极小定理. 因此, 本章应用 Ky Fan 引理、有限交性质、Kakutani-Fan-Glicksberg 不动点定理、Ky Fan 截口定理和一类非线性标量化函数, 得到了若干类广义的向量集值的 Ky Fan 极大极小不等式.

4.1 预 备 知 识

本节主要介绍本章中所使用的一些基本概念, 并给出相应的性质.

定义 4.1.1 设 X_0 为 X 中的一个非空凸子集, $F : X_0 \to 2^V$ 为一个带有非空值的集值映射.

(i) 如果对任意的 $x_1, x_2 \in X_0$ 和 $l \in [0,1]$,

$$lF(x_1) + (1-l)F(x_2) \subset F(lx_1 + (1-l)x_2) - S,$$

则称 F 在 X_0 上是 S-凹的;

(ii) 如果对任意的 $x_1, x_2 \in X_0$ 和 $l \in [0,1]$,

$$F(x_1) \subset F(lx_1 + (1-l)x_2) + S \quad \text{或} \quad F(x_2) \subset F(lx_1 + (1-l)x_2) + S,$$

则称 F 在 X_0 上是 (I) 真 S-拟凸的. 如果 $-F$ 是 (I) 真 S-拟凸的, 则称 F 是 (I) 真 S-拟凹的;

(iii) 如果对任意的 $x_1, x_2 \in X_0$ 和 $l \in [0,1]$,

$$F(lx_1 + (1-l)x_2) \subset F(x_1) - S \quad \text{或} \quad F(lx_1 + (1-l)x_2) \subset F(x_2) - S,$$

则称 F 在 X_0 上是 (II) 真 S-拟凸的;

(iv) 如果对任意的 $z \in V$, 水平集

$$\mathrm{Lev}_F(z) := \{x \in X_0 : \exists t \in F(x) \mathrm{s.t.} t \in z - S\}$$

是凸的, 则称在 F 在 X_0 上是 (II) S-拟凸的 (见文献 [3]). 如果 $-F$ 是 (II) S-拟凸的, 则称 F 是 (II) S-拟凹的.

注 4.1.1　如果 F 退化为一个向量值映射, 则其相应的 S-凹、(I) 真 S-拟凸、(I) 真 S-拟凹、(II) 真 S-拟凸和 (II) S-拟凸就分别退化为对应的向量值映射的概念.

定义 4.1.2[31,32]　令 $e \in \mathrm{int}S$ 且 $a \in V$. 定义非线性标量化函数 ξ_{ea} 和 h_{ea} 如下,

$$\xi_{ea}(z) = \min\{t \in R : z \in a + te - S\}$$

和

$$h_{ea}(z) = \max\{t \in R : z \in a + te + S\}.$$

下面, 对上面的标量化函数, 给出一些有用的性质.

引理 4.1.1[33]　令 $e \in \mathrm{int}S$ 且 $a \in V$. 下面的性质成立:

(i) $\xi_{ea}(z) < r \Leftrightarrow z \in a + re - \mathrm{int}S$, $h_{ea}(z) > r \Leftrightarrow z \in a + re + \mathrm{int}S$;

(ii) $\xi_{ea}(z) \leqslant r \Leftrightarrow z \in a + re - S$, $h_{ea}(z) \geqslant r \Leftrightarrow z \in a + re + S$;

(iii) $\xi_{ea}(\cdot)$ 和 $h_{ea}(\cdot)$ 都是连续函数;

(iv) ξ_{ea} 和 h_{ea} 是严格单调增加 (单调增加) 的, 即

$$z_1 - z_2 \in \mathrm{int}S \Rightarrow f(z_1) > f(z_2)(z_1 - z_2 \in S \Rightarrow f(z_1) \geqslant f(z_2)),$$

这里 f 可为 ξ_{ea} 和 h_{ea}.

引理 4.1.2　令 X_0 为 X 中的一个非空凸子集, 且 $F : X_0 \to 2^V$ 为一个带有非空值的集值映射. 令 $e \in \mathrm{int}S$ 且 $a \in V$.

(i) 如果 F 在 X_0 上是真 S-拟凹的, 则 $\xi_{ea}F$ 在 X_0 上是 R_+-拟凹的;

(ii) 如果 F 在 X_0 上是 S-拟凹的, 则 $h_{ea}F$ 在 X_0 上是 R_+-拟凹的.

证明　(i) 仅需证明对任意的 $w \in R$,

$$\mathrm{Lev}_{\xi_{ea}F}(w) = \{x \in X_0 : \exists t \in \xi_{ea}(F(x)), \mathrm{s.t.} \ t \geqslant w\}$$

是凸的即可. 令 $x_1, x_2 \in \mathrm{Lev}_{\xi_{ea}F}(w)$ 和 $l \in [0,1]$. 则存在 $z_1 \in F(x_1)$ 和 $z_2 \in F(x_2)$ 使得

$$\xi_{ea}(z_1) \geqslant w \quad \text{和} \quad \xi_{ea}(z_2) \geqslant w.$$

由引理 4.1.1 得

$$z_1 \notin a + we - \mathrm{int}S \quad \text{且} \quad z_2 \notin a + we - \mathrm{int}S.$$

然后,

$$(z_1 + S)\bigcap(a + we - \mathrm{int}S) = \varnothing \quad \text{且} \quad (z_2 + S)\bigcap(a + we - \mathrm{int}S) = \varnothing.$$

因为 F 在 X_0 上是真 S-拟凹的, 所以存在 $z \in F(lx_1+(1-l)x_2)$ 使得 $z \notin a+we-\mathrm{int}S$. 再由引理 4.1.1 得 $\xi_{ea}(z) \geqslant w$. 即

$$lx_1 + (1-l)x_2 \in \mathrm{Lev}_{\xi_{ea}F}(w).$$

得证.

(ii) 同理, 仅需证明对任意的 $w \in R$,

$$\mathrm{Lev}_{h_{ea}F}(w) = \{x \in X_0 : \exists t \in h_{ea}(F(x)), \text{ s.t. } t \geqslant w\}$$

是凸集即可. 令 $x_1, x_2 \in \mathrm{Lev}_{h_{ea}F}(w)$ 和 $l \in [0,1]$. 则存在 $z_1 \in F(x_1)$ 和 $z_2 \subset F(x_2)$,

$$h_{ea}(z_i) \geqslant w, \quad i = 1, 2.$$

由引理 4.1.1 知,

$$z_i \in a + we + S, \quad i = 1, 2.$$

因为 F 在 X_0 上是 S-拟凹的, 所以存在 $z \in F(lx_1 + (1-l)x_2)$ 使得

$$z \in a + we + S.$$

这就证明了 $h_{ea}(z) \geqslant w$. 即

$$lx_1 + (1-l)x_2 \in \mathrm{Lev}_{h_{ea}F}(w).$$

得证.

引理 4.1.3[11]   设 $F : X \to 2^R$ 是一个带有紧值的连续集值映射. 则有函数 $h : X \to R$,

$$h(x) = \max F(x)$$

是连续的.

引理 4.1.4   令 X_0 为 X 中的一个非空凸子集, 且 $F : X_0 \to 2^R$ 为一个带有非空值的集值映射, 则下列陈述等价:

(i) 对任意的 $r \in R$, $\{x \in X_0 : \exists w \in F(x), \text{ s.t. } w \geqslant r\}$ 是凸的;

(ii) 对任意的 $t \in R$, $\{x \in X_0 : \exists w \in F(x)$, s.t. $w > t\}$ 是凸的.

证明　(i)⇒(ii) 对任意的 $t \in R, \lambda \in [0,1]$ 和 $x_1, x_2 \in \{x \in X_0 : \exists w \in F(x)$, s.t. $w > t\}$. 则 $\exists w_1 \in F(x_1)$ 使得 $w_1 > t$ 和 $\exists w_2 \in F(x_2)$ 使得 $w_2 > t$. 所以,

$$r = \min\{w_1, w_2\} > t \quad 且 \quad x_1, x_2 \in \{x \in X_0 : \exists w \in F(x), \text{s.t. } w \geqslant r\}.$$

因为 $\{x \in X_0 : \exists w \in F(x)$, s.t. $w \geqslant r\}$ 是凸的, 所以

$$\lambda x_1 + (1 - \lambda)x_2 \in \{x \in X_0 : \exists w \in F(x), \text{s.t. } w \geqslant r > t\}.$$

这样,

$$\lambda x_1 + (1 - \lambda)x_2 \in \{x \in X_0 : \exists w \in F(x), \text{s.t. } w > t\}.$$

(ii)⇒(i) 对任意的 $r \in R, \lambda \in [0,1]$, 和 $x_1, x_2 \in \{x \in X_0 : \exists w \in F(x)$, s.t. $w \geqslant r\}$, 显然, 对任意的 $\varepsilon > 0$,

$$x_1, x_2 \in \{x \in X_0 : \exists w \in F(x), \text{s.t. } w > r - \varepsilon\}.$$

由 (ii) 得

$$\{x \in X_0 : \exists w \in F(x), \text{s.t. } w > r - \varepsilon\}$$

是凸的, 即

$$\lambda x_1 + (1 - \lambda)x_2 \in \{x \in X_0 : \exists w \in F(x), \text{s.t. } w > r - \varepsilon\}.$$

由 ε 的任意性得

$$\lambda x_1 + (1 - \lambda)x_2 \in \{x \in X_0 : \exists w \in F(x), \text{s.t. } w \geqslant r\}.$$

引理得证.

引理 4.1.5[34]　令 $A \subset V$ 为一个非空的紧子集. 如果 $z_1, z_2 \in \text{Min}A(\text{Max}A)$ 且 $z_1 - z_2 \in S$(或$-S$), 则有 $z_1 = z_2$.

4.2　向量集值 Ky Fan 极大极小不等式与向量化

本节采用向量方法, 得到了若干类向量值集值映射的 Ky Fan 极大极小定理.

定理 4.2.1　令 X_0 为 X 中的一个非空的紧凸子集. 假设满足下列条件:

(i) $F : X_0 \times Y_0 \to 2^V$ 是一个带有非空紧值的连续集值映射;

(ii) 对每一 $x \in X_0$, $F(x, \cdot)$ 在 X_0 上是 S-凹的.

则有

$$\text{Max}_w \bigcup_{x \in X_0} F(x,x) \subset \text{Min} \bigcup_{x \in X_0} \text{Max}_w F(x, X_0) + V \backslash (-\text{int}S). \tag{4.1}$$

证明 因为 F 是连续的和 X_0 是紧的, 由引理 1.1.1 和引理 1.2.4 知,

$$\text{Max}_w \bigcup_{x \in X_0} F(x,x) \neq \varnothing.$$

令 $\omega \in \text{Max}_w \bigcup_{x \in X_0} F(x,x)$. 定义集值映射 $T : X_0 \to 2^{X_0}$ 如下,

$$T(y) = \{x \in X_0 : F(x,y) \bigcap (\omega + \text{int}S) = \varnothing\}, \quad y \in X_0.$$

首先, 证明对任意的 $y \in X_0$, $T(y)$ 是非空的. 如果存在 $\bar{y} \in X_0$ 使得 $T(\bar{y}) = \varnothing$, 则由 T 的定义知,

$$F(x, \bar{y}) \bigcap (\omega + \text{int}S) \neq \varnothing, \quad \forall x \in X_0.$$

由 x 的任意性得, 存在 $z \in F(\bar{y}, \bar{y})$ 使得

$$z \in \omega + \text{int}S.$$

然后, 由 ω 的假设知, 这是一个矛盾.

因此, 对每一个 $y \in X_0$, $T(y)$ 是非空的.

其次, 证明对任意的 $y \in X_0$, $T(y)$ 是一个紧集. 事实上, 因为 X_0 是紧的, 所以仅需证明对任意的 $y \in X_0$, $T(y)$ 是一个闭集即可. 对任意的 $y \in X_0$, 令网

$$\{x_\alpha : \alpha \in I\} \subset T(y) \quad \text{和} \quad x_\alpha \to x_0.$$

由 $F(\cdot, y)$ 的下半连续性可知, 对任意的 $z_0 \in F(x_0, y)$, 存在 $z_\alpha \in F(x_\alpha, y)$ 使得

$$z_\alpha \to z_0.$$

因为对任意的 α, 有 $x_\alpha \in T(y)$, 所以

$$z_\alpha \in V \backslash (\omega + \text{int}S).$$

再由 $V \backslash (\omega + \text{int}S)$ 的闭性可得

$$z_0 \in V \backslash (\omega + \text{int}S).$$

然后通过 z_0 的任意性,

$$x_0 \in T(y) = \{x \in X_0 : F(x,y) \bigcap (\omega + \text{int}S) = \varnothing\}.$$

因此, 对任意的 $y \in X_0$, $T(y)$ 是一个闭集.

现在, 断言 T 是一个 KKM 映射. 假设这不是真的. 即存在一个有限子集 $\{y_1, y_2, \cdots, y_n\}$ 和 $t_1, t_2, \cdots, t_n \geqslant 0$, $\sum_{i=1}^{n} t_i = 1$ 使得

$$\bar{y} = \sum_{i=1}^{n} t_i y_i \notin \bigcup_{i=1}^{n} T(y_i).$$

由 T 的定义知,

$$F(\bar{y}, y_i) \bigcap (\omega + \mathrm{int} S) \neq \varnothing, \quad i = 1, 2, \cdots, n.$$

由假设 (ii) 可知, 存在 $z \in F(\bar{y}, \bar{y})$ 使得

$$z \in \omega + \mathrm{int} S.$$

这就与 ω 的假设矛盾. 即, T 是一个 KKM 映射.

由定理 1.4.4 得

$$\bigcap_{y \in X_0} \neq \varnothing,$$

即, 存在 $\bar{x} \in X_0$ 使得

$$F(\bar{x}, y) \bigcap (\omega + \mathrm{int} S) = \varnothing, \quad \forall y \in X_0.$$

由 y 的任意性知,

$$\mathrm{Max}_w F(\bar{x}, X_0) \bigcap (\omega + \mathrm{int} S) = \varnothing. \tag{4.2}$$

然后, 由 (4.2) 和引理 1.1.1 得

$$\omega \in \mathrm{Max}_w F(\bar{x}, X_0) + V \backslash (-\mathrm{int} S) \subset \bigcup_{x \in X_0} \mathrm{Max}_w F(x, X_0) + V \backslash (-\mathrm{int} S)$$

$$\subset \mathrm{Min} \bigcup_{x \in X_0} \mathrm{Max}_w F(x, X_0) + S + V \backslash (-\mathrm{int} S)$$

$$= \mathrm{Min} \bigcup_{x \in X_0} \mathrm{Max}_w F(x, X_0) + V \backslash (-\mathrm{int} S).$$

因此, (4.1) 成立. 定理得证.

定理 4.2.2   令 X 是一个实的局部凸的 Hausdorff 拓扑向量空间且 X_0 为 X 中的一个非空的紧凸子集. 假设满足下列条件:

(i) $F : X_0 \times Y_0 \to 2^V$ 是一个带有非空紧值的连续集值映射;

(ii) 对每一 $x \in X_0$, $F(x, \cdot)$ 在 X_0 上是 (I) 真 S-拟凹的.

则有

$$\mathrm{Min} \bigcup_{x \in X_0} \mathrm{Max}_w F(x, X_0) \subset \mathrm{Max} \bigcup_{x \in X_0} F(x, x) + V \backslash \mathrm{int} S. \tag{4.3}$$

证明 因为 F 是带有紧值的连续集值映射且 X_0 是紧的, 由引理 1.1.1、引理 1.2.3、引理 1.2.4 可知,

$$\text{Min}\bigcup_{x\in X_0} \text{Max}_w F(x, X_0) \neq \varnothing.$$

令 $\eta \in \text{Min}\bigcup_{x\in X_0} \text{Max}_w F(x, X_0)$. 定义集值映射 $K : X_0 \to 2^{X_0}$ 如下,

$$K(x) = \{y \in X_0 : F(x, y) \not\subset \eta - \text{int}S\}, \quad x \in X_0.$$

首先, 显示对任意的 $x \in X_0$, $K(x)$ 是非空的. 如果存在 $\bar{x} \in X_0$ 使得 $K(\bar{x}) = \varnothing$, 由 K 的定义知,

$$F(\bar{x}, y) \subset \eta - \text{int}S, \quad \forall y \in X_0.$$

由 y 的任意性知,

$$\text{Max}_w F(\bar{x}, X_0) \subset \eta - \text{int}S. \tag{4.4}$$

然后, 由引理 1.1.1 得

$$\text{Max}_w F(\bar{x}, X_0) \subset \bigcup_{x\in X_0} \text{Max}_w F(x, X_0) \subset \text{Min}\bigcup_{x\in X_0} \text{Max}_w F(x, X_0) + S. \tag{4.5}$$

由 (4.4) 和 (4.5) 得, 存在 $z \in \text{Min}\bigcup_{x\in X_0} \text{Max}_w F(x, X_0)$ 使得

$$z \in \text{Max}_w F(\bar{x}, X_0) - S \subset \eta - \text{int}S - S = \eta - \text{int}S.$$

由 η 的假设和引理 4.1.5 知, 这是一个矛盾. 因此, 对任意的 $x \in X_0$, $K(x)$ 是非空的.

其次, 证明对任意的 $x \in X_0$, $K(x)$ 是一个闭集. 事实上, 对每一个 $x \in X_0$, 令网 $\{y_\alpha : \alpha \in I\} \subset K(x)$ 和 $y_\alpha \to y_0$. 由 K 的定义可知, 存在 $\{z_\alpha\}$ 使得

$$z_\alpha \in F(x, y_\alpha) \quad \text{且} \quad z_\alpha \in V\backslash(\eta - \text{int}S).$$

因为 $F(x, \cdot)$ 是带有紧值且上半连续, 所有由注 1.2.1 得, 存在 $\{z_\alpha\}$ 的子网 $\{z_\beta\}$ 使得

$$z_0 \in F(x, y_0), \quad z_\beta \to z_0.$$

由 $V\backslash(\eta - \text{int}S)$ 的闭性知,

$$z_0 \notin \eta - \text{int}S.$$

这样,

$$y_0 \in K(x) = \{y \in X_0 : F(x, y) \not\subset \eta - \text{int}S\}.$$

因此, 对任意的 $x \in X_0$, $K(x)$ 是一个闭集.

现在证明对任意的 $x \in X_0$, $K(x)$ 是一个凸集. 事实上, 对任意的 $x \in X_0$, 令 $y_1, y_2 \in K(x)$ 和 $\lambda \in [0,1]$. 由 K 的定义知,

$$F(x, y_1) \not\subset \eta - \mathrm{int}S \quad \text{且} \quad F(x, y_2) \not\subset \eta - \mathrm{int}S. \tag{4.6}$$

如果存在 $\lambda_0 \in [0,1]$ 和 $\lambda_0 y_1 + (1 - \lambda_0) y_2 \notin K(x)$, 则

$$F(x, \lambda_0 y_1 + (1 - \lambda_0) y_2) \subset \eta - \mathrm{int}S. \tag{4.7}$$

由 (4.7) 和条件 (ii) 得

$$F(x, y_1) \subset \eta - \mathrm{int}S \quad \text{或} \quad F(x, y_2) \subset \eta - \mathrm{int}S.$$

这与 (4.6) 是矛盾的. 因此, 对任意的 $x \in X_0$, $K(x)$ 是一个凸集.

下面证明 K 在 X_0 上是上半连续的. 因为 X_0 是紧的, 所以仅需证明 K 是一个闭集即可. 令一个网

$$\{(x_\alpha, y_\alpha)\} \subset \mathrm{Graph}K := \{(x, y) \in X_0 \times X_0 : F(x, y) \not\subset \eta - \mathrm{int}S\}$$

且 $(x_\alpha, y_\alpha) \to (x_0.y_0)$. 由 K 的定义知, 存在 $\{z_\alpha\}$ 使得

$$z_\alpha \in F(x_\alpha, y_\alpha), \quad z_\alpha \notin \eta - \mathrm{int}S.$$

因为 $F(\cdot, \cdot)$ 是带有紧值的上半连续集值映射, 所以由注 1.2.1 知, 存在一个 $\{z_\alpha\}$ 的子网 $\{z_\beta\}$ 和 $z_0 \in F(x_0, y_0)$ 有

$$z_\beta \to z_0.$$

再由 $V \backslash (\eta - \mathrm{int}S)$ 的闭性可得

$$z_0 \notin \eta - \mathrm{int}S.$$

即

$$(x_0, y_0) \in \mathrm{Graph}K.$$

因此, K 在 X_0 上是上半连续的.

因此, 由定理 1.4.2 可得, 存在 $\bar{x} \in X_0$ 使得 $\bar{x} \in K(\bar{x})$, 即

$$F(\bar{x}, \bar{x}) \not\subset \eta - \mathrm{int}S. \tag{4.8}$$

由 (4.8) 和引理 1.1.1 可知,

$$\eta \in F(\bar{x}, \bar{x}) + V \backslash \mathrm{int}S \subset \bigcup_{x \in X_0} F(x, x) + V \backslash \mathrm{int}S$$

$$\subset \operatorname{Max}\bigcup_{x \in X_0} F(x, x) - S + V \backslash \operatorname{int} S$$
$$= \operatorname{Max}\bigcup_{x \in X_0} F(x, x) + V \backslash \operatorname{int} S.$$

因此, (4.3) 成立. 定理得证.

注 4.2.1 当集值映射 $F(x, y)$ 退化为 $X_0 \times X_0$ 上的一个向量值映射时, 定理 4.2.2 退化为文献 [35] 中的相应结论, 定理 4.2.1 是文献 [24] 中的相应结论的特例. 然而, 定理 4.2.1 和定理 4.2.2 的证明方法与相应文献中的证明方法是不同的.

定理 4.2.3 令 X 为一个实的局部凸 Hausdorff 拓扑向量空间且 X_0 为 X 中的一个非空紧凸子集, 满足下列假设条件:

(i) $F : X_0 \times X_0 \to 2^V$ 是一个带有非空紧值的连续集值映射;

(ii) 对每一个 $x \in X_0$ 和任意的 $z \in \operatorname{Min}\bigcup_{x \in X_0} \operatorname{Max}_w F(x, X_0)$, 水平集

$$\operatorname{Lev}_F(z) = \{y \in X_0 : \exists t \in F(x, y) \text{ s.t. } t \in z + S\}$$

是凸的;

(iii) 对任意的 $x \in X_0$,

$$\operatorname{Min}\bigcup_{x \in X_0} \operatorname{Max}_w F(x, X_0) \subset F(x, X_0) - S.$$

则有

$$\operatorname{Min}\bigcup_{x \in X_0} \operatorname{Max}_w F(x, X_0) \subset \operatorname{Max}\bigcup_{x \in X_0} F(x, x) - S. \tag{4.9}$$

证明 由假设和引理 1.1.1、引理 1.2.3、引理 1.2.4 得

$$\operatorname{Min}\bigcup_{x \in X_0} \operatorname{Max}_w F(x, X_0) \neq \varnothing.$$

令 $\beta \in \operatorname{Min}\bigcup_{x \in X_0} \operatorname{Max}_w F(x, X_0)$. 定义集值映射 $W : X_0 \to 2^{X_0}$ 如下,

$$W(x) = \{y \in X_0 : F(x, y) \bigcap (\beta + S) \neq \varnothing\}, \quad x \in X_0.$$

显然, 由假设 (ii) 和 (iii) 得, 对每一个 $x \in X_0$, $W(x)$ 是一个非空的凸子集.

下面证明对任意的 $x \in X_0$, $W(x)$ 是一个闭集. 对任意的 $x \in X_0$, 令网

$$\{y_\alpha : \alpha \in I\} \subset W(x) \quad \text{和} \quad y_\alpha \to y_0.$$

由 W 的定义知, 存在 $\{z_\alpha\}$ 使得

$$z_\alpha \in F(x, y_\alpha) \quad \text{和} \quad z_\alpha \in \beta + S.$$

因为 $F(x, \cdot)$ 是带有非空紧值的上半连续集值映射, 所以由引理 1.2.4 知, 存在 $\{z_\alpha\}$ 的一个子网 $\{z_\beta\}$ 和 $z_0 \in F(x, y_0)$ 满足

$$z_\beta \to z_0.$$

再由 S 的闭性有

$$z_0 \in \beta + S.$$

这样,

$$y_0 \in W(x) = \{y \in X_0 : F(x,y) \bigcap (\beta + S) \neq \varnothing\}.$$

因此, 对任意的 $x \in X_0$, $W(x)$ 是一个闭集.

现在证明 W 在 X_0 上是上半连续的. 因为 X_0 是紧的, 仅仅需要证明 W 的图像是闭的即可. 令网

$$\{(x_\alpha, y_\alpha)\} \subset \mathrm{Graph}W := \{(x,y) \in X_0 \times X_0 : F(x,y) \bigcap (\beta + S) \neq \varnothing\}$$

和

$$(x_\alpha, y_\alpha) \to (x_0, y_0).$$

由 W 的定义知, 存在 $\{z_\alpha\}$ 满足

$$z_\alpha \in F(x_\alpha, y_\alpha) \quad \text{和} \quad z_\alpha \in \beta + S.$$

因为 F 是上半连续且集值的, 所以由引理 1.2.4 知, 存在 $\{z_\alpha\}$ 的一个子网 $\{z_\gamma\}$ 和 $z_0 \in F(x_0, y_0)$ 满足

$$z_\gamma \to z_0.$$

由 S 的闭性可知,

$$z_0 \in \beta + S.$$

即

$$(x_0, y_0) \in \mathrm{Graph}W.$$

也就是说明了 W 在 X_0 上是一个上半连续映射.

因此, 由定理 1.4.2 知, 存在 $\bar{x} \in X_0$ 使得

$$\bar{x} \in W(\bar{x}),$$

即

$$F(\bar{x}, \bar{x}) \bigcap (\beta + S) \neq \varnothing. \tag{4.10}$$

由 (4.10) 和引理 1.1.1 得

$$\beta \in F(\bar{x}, \bar{x}) - S \subset \bigcup_{x \in X_0} F(x,x) - S \subset \mathrm{Max} \bigcup_{x \in X_0} F(x,x) - S.$$

因此, 结论 (4.9) 成立. 定理得证.

注 4.2.2　(i) 定理 4.2.3 的假设 (ii) 可以被取代为 "对任意的 $x \in X_0$, $F(x, \cdot)$ 在 X_0 上是 S-拟凹的".

(ii) 如果 F 退化为一个标量的集值映射, 定理 4.2.3 的假设 (iii) 总是成立.

(iii) 当 F 退化为一个向量值映射时, 定理 4.2.3 就退化为文献 [24] 和 [35] 中的相应结论.

定理 4.2.4　令 X 为一个实的局部凸 Hausdorff 拓扑向量空间且 X_0 为 X 中的一个非空紧凸子集. 满足下列假设条件:

(i) $F : X_0 \times X_0 \to 2^V$ 是一个带有非空紧值的连续集值映射;

(ii) 对每一个 $y \in X_0$ 和任意的 $z \in \operatorname{Max}\bigcup_{y \in X_0} \operatorname{Min}_w F(X_0, y)$, 水平集

$$\operatorname{Lev}_F(z) = \{x \in X_0 : \exists t \in F(x, y) \text{ s.t. } t \in z - S\}$$

是凸的;

(iii) 对任意的 $y \in X_0$,

$$\operatorname{Max}\bigcup_{y \in X_0} \operatorname{Min}_w F(X_0, y) \subset F(X_0, y) + S.$$

则有

$$\operatorname{Max}\bigcup_{y \in X_0} \operatorname{Min}_w F(X_0, y) \subset \operatorname{Min}\bigcup_{x \in X_0} F(x, x) + S. \tag{4.11}$$

证明　由假设和引理 1.1.1、引理 1.2.3、引理 1.2.4 得

$$\operatorname{Max}\bigcup_{y \in X_0} \operatorname{Min}_w F(X_0, y) \neq \varnothing.$$

令 $\gamma \in \operatorname{Max}\bigcup_{y \in X_0} \operatorname{Min}_w F(X_0, y)$. 定义集值映射 $K : X_0 \to 2^{X_0}$ 如下,

$$K(y) = \{x \in X_0 : F(x, y) \bigcap (\gamma - S) \neq \varnothing\}, \quad y \in X_0.$$

显然, 由假设 (ii) 和 (iii) 得, 对每一个 $y \in X_0$, $K(y)$ 是一个非空的凸子集.

下面证明对任意的 $y \in X_0$, $K(y)$ 是一个闭集. 对任意的 $y \in X_0$, 令网

$$\{x_\alpha : \alpha \in I\} \subset K(y) \quad \text{和} \quad x_\alpha \to x_0.$$

由 K 的定义知, 存在 $\{z_\alpha\}$ 使得

$$z_\alpha \in F(x_\alpha, y) \quad \text{和} \quad z_\alpha \in \gamma - S.$$

因为 $F(\cdot, y)$ 是带有非空紧值的上半连续集值映射, 所以由引理 1.2.4 知, 存在 $\{z_\alpha\}$ 的一个子网 $\{z_\beta\}$ 和 $z_0 \in F(x_0, y)$ 满足

$$z_\beta \to z_0.$$

再由 S 的闭性有

$$z_0 \in \gamma - S.$$

这样,

$$y_0 \in K(y) = \{x \in X_0 : F(x,y) \bigcap (\gamma - S) \neq \varnothing\}.$$

因此, 对任意的 $y \in X_0$, $K(y)$ 是一个闭集.

现在证明 K 在 X_0 上是上半连续的. 因为 X_0 是紧的, 仅需要证明 K 的图像是闭的即可. 令网

$$\{(x_\alpha, y_\alpha)\} \subset \mathrm{Graph}K := \{(x,y) \in X_0 \times X_0 : F(x,y) \bigcap (\gamma - S) \neq \varnothing\}$$

且

$$(x_\alpha, y_\alpha) \to (x_0 . y_0).$$

由 K 的定义知, 存在 $\{z_\alpha\}$ 满足

$$z_\alpha \in F(x_\alpha, y_\alpha) \quad 和 \quad z_\alpha \in \gamma - S.$$

因为 F 是上半连续且集值的, 所以由引理 1.2.4 知, 存在 $\{z_\alpha\}$ 的一个子网 $\{z_\gamma\}$ 和 $z_0 \in F(x_0, y_0)$ 满足

$$z_\gamma \to z_0.$$

由 S 的闭性可知,

$$z_0 \in \gamma - S.$$

即

$$(x_0, y_0) \in \mathrm{Graph}K.$$

也就是说明了 K 在 X_0 上是一个上半连续映射.

因此, 由定理 1.4.2 知, 存在 $\bar{x} \in X_0$ 使得

$$\bar{x} \in K(\bar{x}),$$

即

$$F(\bar{x}, \bar{x}) \bigcap (\gamma - S) \neq \varnothing. \tag{4.12}$$

由 (4.12) 和引理 1.1.1 得

$$\gamma \in F(\bar{x}, \bar{x}) + S \subset \bigcup_{x \in X_0} F(x,x) + S \subset \mathrm{Max}\bigcup_{x \in X_0} F(x,x) + S.$$

因此, 结论 (4.11) 成立. 定理得证.

注 4.2.3 (i) 定理 4.2.4 的假设 (ii) 可以被取代为 "对任意的 $y \in X_0$, $F(\cdot, y)$ 在 X_0 上是 S-拟凸的";

(ii) 如果 F 退化为一个标量值集值映射, 定理 4.2.4 的假设 (iii) 总是成立.

下面举一个例子解释定理 4.2.4.

例 4.2.1 令 $X = R$, $V = R^2$, $X_0 = [0,1]$,

$$S = \{(u,v)|u \geqslant 0, v \geqslant 0\}$$

且

$$M = \{(u,v)|0 \leqslant u \leqslant 1, 0 \leqslant v \leqslant 1\}.$$

定义向量值映射 $f: [0,1] \times [0,1] \to R^2$ 和集值映射 $F: [0,1] \times [0,1] \to 2^{R^2}$ 如下,

$$f(x,y) = x(1,y), \quad (x,y) \in [0,1] \times [0,1]$$

和

$$F(x,y) = f(x,y) + M.$$

显然, F 是带有紧值的连续集值映射且对每一个 $y \in X_0$, $F(\cdot, y)$ 是 S-拟凸的. 这样, 由 F 的定义知,

$$\bigcup_{y \in X_0} \text{Min}_w F(X_0, y) = \{(u,0)|0 \leqslant u \leqslant 2\} \bigcup \{(0,v)|0 \leqslant v \leqslant 1\}$$

和对任意的 $y \in X_0$,

$$F(X_0, y) = \{(u, yu)|u \in [0,1]\} + M.$$

更多地, 对任意的 $y \in X_0$,

$$\text{Max} \bigcup_{y \in X_0} \text{Min}_w F(X_0, y) \subset F(X_0, y) + S,$$

即, 定理 4.3.4 的条件 (iii) 成立. 这样, 定理 4.3.4 的所有假设都成立. 所以, (4.11) 成立. 事实上, 有

$$f(x,x) = (x, x^2)$$

和

$$\bigcup_{x \in X_0} F(x,x) = \{(u,v)|0 \leqslant u \leqslant 1, 0 \leqslant v \leqslant 1 + u^2\} \bigcup \{(u,v)|1 \leqslant u \leqslant 2, (u-1)^2 \leqslant v \leqslant 2\}.$$

然后,

$$\text{Min} \bigcup_{x \in X_0} F(x,x) = \{(0,0)\}.$$

因此,

$$\text{Max}\bigcup_{y\in X_0}\text{Min}_w F(X_0,y) \subset \text{Min}\bigcup_{x\in X_0}F(x,x) + S.$$

下面, 在有限维空间中讨论类似于 Tanaka 应用向量值映射的锥鞍点定理得到的一类向量集值 Ky Fan 极大极小定理. 首先, 我们建立一个重要的引理.

引理 4.2.1　令 X 为一个有限维空间 $R^m(m \geqslant 1)$, V 也为一个有限维空间 $R^n(n \geqslant 2)$. 令 X_0 为 X 中的一个非空紧凸子集, 且 $F : X_0 \times X_0 \to 2^V$ 为一个带有非空紧值的连续集值映射.

(i) 如果对任意的 $x \in X_0$, $F(x,\cdot)$ 在 X_0 上是真 S-拟凹的, 则存在 $\bar{x} \in X_0$ 使得

$$F(\bar{x},\bar{x})\bigcap\text{Max}_w \bigcup_{y\in X_0}F(\bar{x},y) \neq \varnothing;$$

(ii) 如果对任意的 $y \in X_0$, $F(\cdot,y)$ 在 X_0 上是真 S-拟凸的, 则存在 $\bar{y} \in X_0$ 使得

$$F(\bar{y},\bar{y})\bigcap\text{Min}_w \bigcup_{x\in X_0}F(x,\bar{y}) \neq \varnothing.$$

证明　(i) 定义一个集值映射 $T : X_0 \to 2^{X_0}$ 如下,

$$T(x) = \{y \in X_0 : F(x,y)\bigcap\text{Max}_w \bigcup_{y\in X_0}F(x,y) \neq \varnothing\}, \quad x \in X_0.$$

首先, 证明对每一个 $x \in X_0$, $T(x) \neq \varnothing$. 因为 $F(x,\cdot)$ 是带有紧值的上半连续集值映射且 X_0 是紧的, 由引理 1.2.4 得, 对每一个 $x \in X_0$, $\bigcup_{y\in X_0} F(x,y)$ 是一个紧集. 再由引理 1.1.1 得

$$\text{Max}_w \bigcup_{y\in X_0}F(x,y) \neq \varnothing.$$

对每一个 $x \in X_0$, 令 $z_x \in \text{Max}_w \bigcup_{y\in X_0}F(x,y)$. 这样, 存在 $y_x \in X_0$ 使得

$$z_x \in F(x,y_x).$$

即

$$y_x \in T(x) = \{y \in X_0 : F(x,y)\bigcap\text{Max}_w \bigcup_{y\in X_0}F(x,y) \neq \varnothing\}.$$

因此, 对每一个 $x \in X_0$, $T(x) \neq \varnothing$.

其次, 证明对每一个 $x \in X_0$, $T(x)$ 是一个闭集. 对任意的 $x \in X_0$, 令一个序列 $\{y_n\} \subset T(x)$ 且 $y_n \to y_0$. 由 T 的定义得, 存在 $\{z_n\}$ 使得

$$z_n \in F(x,y_n) \quad \text{且} \quad z_n \in \text{Max}_w \bigcup_{y\in X_0}F(x,y).$$

因为 $F(x,\cdot)$ 是带有紧值的上半连续集值映射, 由引理 1.2.1 知, 存在 $\{z_n\}$ 的一个子网 $\{z_k\}$ 和 $z_0 \in F(x,y_0)$ 满足

$$z_k \to z_0.$$

再由弱极大集的闭性可知,

$$z_0 \in \mathrm{Max}_w \bigcup_{y \in X_0} F(x, y).$$

这样,

$$y_0 \in T(x) = \{y \in X_0 : F(x, y) \bigcap \mathrm{Max}_w \bigcup_{y \in X_0} F(x, y) \neq \varnothing\}.$$

因此, 对每一个 $x \in X_0$, $T(x)$ 是一个闭集.

现在证明对每一个 $x \in X_0$, $T(x)$ 是一个凸集. 事实上, 对每一个 $x \in X_0$, 令 $y_1, y_2 \in T(x)$ 和 $l \in [0, 1]$. 假设存在 $l_0 \in [0, 1]$ 使得

$$F(x, l_0 y_1 + (1 - l_0) y_2) \bigcap \mathrm{Max}_w \bigcup_{y \in X_0} F(x, y) = \varnothing.$$

因为 $F(x, l_0 y_1 + (1 - l_0) y_2) \subset F(x, X_0)$, 所以由引理 1.1.1 得

$$F(x, l_0 y_1 + (1 - l_0) y_2) \subset \mathrm{Max}_w \bigcup_{y \in X_0} F(x, y) - \mathrm{int}S. \tag{4.13}$$

然后, 由假设和 (4.13) 得

$$F(x, y_1) \subset F(x, l_0 y_1 + (1 - l_0) y_2) - S \subset \mathrm{Max}_w \bigcup_{y \in X_0} F(x, y) - \mathrm{int}S$$

或者

$$F(x, y_2) \subset F(x, l_0 y_1 + (1 - l_0) y_2) - S \subset \mathrm{Max}_w \bigcup_{y \in X_0} F(x, y) - \mathrm{int}S.$$

这样, 可以断言

$$F(x, y_1) \bigcap \mathrm{Max}_w \bigcup_{y \in X_0} F(x, y) = \varnothing \quad 或 \quad F(x, y_2) \bigcap \mathrm{Max}_w \bigcup_{y \in X_0} F(x, y) = \varnothing.$$
$$\tag{4.14}$$

事实上, 如果 (4.14) 不成立, 即, 存在 $z_1, z_2 \in V$ 使得

$$z_1 \in F(x, y_1) \bigcap \mathrm{Max}_w \bigcup_{y \in X_0} F(x, y) \quad 且 \quad z_2 \in F(x, y_2) \bigcap \mathrm{Max}_w \bigcup_{y \in X_0} F(x, y).$$

然后, 对于 z_1, z_2, 存在 $z_1', z_2' \in \mathrm{Max}_w \bigcup_{y \in X_0} F(x, y)$ 使得

$$z_1 \in z_1' - \mathrm{int}S \quad 或 \quad z_2 \in z_2' - \mathrm{int}S.$$

显然, 这是一个矛盾. 因此, (4.14) 成立. 这与 y_1 和 y_2 的假设相矛盾. 因此, 对每一个 $x \in X_0$, $T(x)$ 是一个凸集.

下面证明 T 在 X_0 上是上半连续的. 因为 X_0 是紧的, 仅需证明 T 的图是闭的即可. 令序列

$$\{(x_n, y_n)\} \subset \mathrm{Graph}T := \{(x, y) \in X_0 \times X_0 : F(x, y) \bigcap \mathrm{Max}_w \bigcup_{y \in X_0} F(x, y) \neq \varnothing\}$$

且
$$(x_n, y_n) \to (x_0, y_0).$$

由 T 的定义可知, 存在 $\{z_n\}$ 满足
$$z_n \in F(x_n, y_n) \quad \text{和} \quad z_n \in \text{Max}_w \bigcup_{y \in X_0} F(x_n, y).$$

由假设和引理 1.2.4 可知, $\{z_n\}$ 一定有一收敛子列. 为了简便, 不妨设这个收敛子列为它自己. 因为 F 是带有紧值的上半连续集值映射, 由引理 1.2.1 得, 存在 $\{z_n\}$ 的一个子列 $\{z_k\}$ 且 $z_0 \in F(x_0, y_0)$ 满足
$$z_k \to z_0.$$

由假设易知, $\text{Max}_w \bigcup_{y \in X_0} F(\cdot, y)$ 是上半连续且紧值的. 再由引理 1.2.1 得, 存在 $\{z_n\}$ 的一个子列 $\{z_{k'}\}$ 且 $z_0' \in \text{Max}_w \bigcup_{y \in X_0} F(x_0, y)$ 满足
$$z_{k'} \to z_0'.$$

这样, 就有 $z_0 = z_0'$. 即
$$(x_0, y_0) \in \text{Graph}T.$$

因此, T 在 X_0 上是上半连续的.

由定理 1.4.2 知, 存在 $\bar{x} \in X_0$ 使得 $\bar{x} \in T(\bar{x})$, 即
$$F(\bar{x}, \bar{x}) \bigcap \text{Max}_w \bigcup_{y \in X_0} F(\bar{x}, y) \neq \varnothing.$$

(ii) 同样, 可以集值映射 $W : X_0 \to 2^{X_0}$ 如下,
$$W(y) = \{x \in X_0 : F(x, y) \bigcap \text{Min}_w \bigcup_{x \in X_0} F(x, y) \neq \varnothing\}, \quad y \in X_0.$$

类似 (i) 的证明, 定理 1.4.2 的所有假设条件满足. 由定理 1.4.2 得, 存在 $\bar{y} \in X_0$ 使得 $\bar{y} \in W(\bar{y})$, 即
$$F(\bar{y}, \bar{y}) \bigcap \text{Min}_w \bigcup_{x \in X_0} F(x, \bar{y}) \neq \varnothing.$$

得证.

注 4.2.4　当 F 退化为一个实值函数时, 引理 4.3.1 的 (i) 就退化为文献 [35] 中的相应结论.

利用引理 4.2.1, 可以得到了下面一类新的集值 Ky Fan 极大极小不等式.

定理 4.2.5　令 X 为一个有限维空间 $R^m (m \geqslant 1)$, V 也为一个有限维空间 $R^n (n \geqslant 2)$. 令 X_0 为 X 中的一个非空紧凸子集, 且满足下列假设条件:

(i) $F : X_0 \times X_0 \to 2^V$ 是一个带有非空紧值的连续集值映射;

(ii) 对每一个 $x \in X_0$, $F(x, \cdot)$ 在 X_0 上是真 S-拟凹的.

则有

$$\exists z_1 \in \mathrm{Max}\bigcup_{x \in X_0} F(x, x) \quad \text{和} \quad \exists z_2 \in \mathrm{Min}\bigcup_{x \in X_0} \mathrm{Max}_w F(x, X_0)$$

使得

$$z_1 \in z_2 + S. \tag{4.15}$$

证明 由假设和引理 1.1.1、引理 1.2.3、引理 1.2.4 得

$$\mathrm{Max}\bigcup_{x \in X_0} F(x, x) \neq \varnothing \quad \text{和} \quad \mathrm{Min}\bigcup_{x \in X_0} \mathrm{Max}_w F(x, X_0) \neq \varnothing.$$

然后, 由引理 4.2.1 得, 存在 $\bar{x} \in X_0$ 使得

$$F(\bar{x}, \bar{x}) \bigcap \mathrm{Max}_w \bigcup_{y \in X_0} F(\bar{x}, y) \neq \varnothing.$$

由引理 1.2.3 和引理 1.2.4 得, $\bigcup_{x \in X_0} F(x, x)$ 和 $\bigcup_{x \in X_0} \mathrm{Max}_w F(x, X_0)$ 是两个紧集. 这样, 由引理 1.1.1 得

$$F(\bar{x}, \bar{x}) \subset \bigcup_{x \in X_0} F(x, x) \subset \mathrm{Max}\bigcup_{x \in X_0} F(x, x) - S$$

和

$$\mathrm{Max}_w \bigcup_{y \in X_0} F(\bar{x}, y) \subset \bigcup_{x \in X_0} \mathrm{Max}_w F(x, X_0) \subset \mathrm{Min}\bigcup_{x \in X_0} \mathrm{Max}_w F(x, X_0) + S.$$

即, 对任意的 $u \in F(\bar{x}, \bar{x})$ 和 $v \in \mathrm{Max}_w \bigcup_{y \in X_0} F(\bar{x}, y)$, 都存在 $z_1 \in \mathrm{Max}\bigcup_{x \in X_0} F(x, x)$ 和 $z_2 \in \mathrm{Min}\bigcup_{x \in X_0} \mathrm{Max}_w F(x, X_0)$ 使得

$$u \in z_1 - S \quad \text{和} \quad v \in z_2 + S.$$

特殊地, 取 $u = v$, 有

$$z_1 \in z_2 + S.$$

定理证毕.

推论 4.2.1 令 X 为一个有限维空间 $R^m (m \geqslant 1)$ 和 V 也为一个有限维空间 $R^n (n \geqslant 2)$. 令 X_0 为 X 中的一个非空紧凸子集, 且满足下列假设条件:

(i) $f : X_0 \times X_0 \to V$ 是一个连续的向量值映射;

(ii) 对每一个 $x \in X_0$, $f(x, \cdot)$ 在 X_0 上是真 S-拟凹的.

则有

$$\exists \ z_1 \in \mathrm{Max}\bigcup_{x \in X_0} f(x, x) \quad \text{和} \quad \exists \ z_2 \in \mathrm{Min}_w \bigcup_{x \in X_0} \mathrm{Max}_w f(x, X_0)$$

使得

$$z_1 \in z_2 + S. \tag{4.16}$$

证明　因为

$$\mathrm{Min}\bigcup_{x \in X_0} \mathrm{Max}_w f(x, X_0) \subset \mathrm{Min}_w \bigcup_{x \in X_0} \mathrm{Max}_w f(x, X_0),$$

所以由定理 4.2.5 易得结论成立.

注 4.2.5　推论 4.2.1 和文献 [35] 中的定理 3 和定理 4, 还有文献 [24] 中的推论 3.8 是不同的. 也就是说当文献 [35] 中的定理 3 和定理 4 和文献 [24] 中的推论 3.8 不成立时, 推论 4.2.1 是有可能成立的. 下面的例子解释这一情况.

例 4.2.2　令 $X = R$, $V = R^2$, $X_0 = [0,1]$ 和 $S = \{(u,v)|u \geqslant 0, v \geqslant 0\}$. 定义向量值映射 $f : [0,1] \times [0,1] \to R^2$ 如下,

$$f(x,y) = \begin{cases} (x,0), & x \leqslant y, \\ (x, 2(x-y)), & x \geqslant y. \end{cases}$$

显然, f 是连续的且对每一个 $x \in X_0$, $f(x, \cdot)$ 是真 S-拟凹的. 这样, 推论 4.3.1 的所有假设都满足. 所以结论 (4.16) 成立. 事实上, 由 f 的定义知,

$$f(x,x) = (x,0)$$

且对任意的 $x \in X_0$,

$$\mathrm{Max}_w \bigcup_{y \in X_0} f(x,y) = \{(x,u)|0 \leqslant u \leqslant 2x\}.$$

通过简单的计算, 得

$$\bigcup_{x \in X_0} f(x,x) = \{(u,0)|0 \leqslant u \leqslant 1\}$$

和

$$\bigcup_{x \in X_0} \mathrm{Max}_w f(x, X_0) = \{(u,v)|0 \leqslant u \leqslant 1, 0 \leqslant v \leqslant 2u\}.$$

这样, 有

$$\mathrm{Max}\bigcup_{x \in X_0} f(x,x) = \{(1,0)\}$$

和

$$\mathrm{Min}_w \bigcup_{x \in X_0} \mathrm{Max}_w f(x, X_0) = \{(u,0)|0 \leqslant u \leqslant 1\}.$$

取 $(0,0) \in \mathrm{Min}_w \bigcup_{x \in X_0} \mathrm{Max}_w f(x, X_0)$, 有

$$(1,0) \in (0,0) + S.$$

但是, 取 $x_0 \neq 1$,

$$\mathrm{Min}_w \bigcup_{x \in X_0} \mathrm{Max}_w\, f(x, X_0) \not\subset \mathrm{Max}_w \bigcup_{y \in X_0} f(x_0, y) - S = f(x_0, X_0) - S.$$

即, 这就说明了文献 [35] 中定理 3 的条件 (iii) 和文献 [24] 中推论 3.8 的条件 (ii) 是不成立的. 所以, 文献 [35] 中的定理 3 和文献 [24] 中的推论 3.8 是不可行的.

定理 4.2.6 令 X 为一个有限维空间 $R^m(m \geqslant 1)$, V 也为一个有限维空间 $R^n(n \geqslant 2)$. 令 X_0 为 X 中的一个非空紧凸子集, 且满足下列假设条件:

(i) $F : X_0 \times X_0 \to 2^V$ 是一个带有非空紧值的连续集值映射;

(ii) 对每一个 $y \in X_0$, $F(\cdot, y)$ 在 X_0 上是真 S-拟凸的.

则有

$$\exists\, z_1 \in \mathrm{Min}\bigcup_{x \in X_0} F(x, x) \quad \text{和} \quad \exists\, z_2 \in \mathrm{Max}\bigcup_{y \in X_0} \mathrm{Min}_w F(X_0, y)$$

使得

$$z_1 \in z_2 - S. \tag{4.17}$$

证明 由假设和引理 1.1.1、引理 1.2.3、引理 1.2.4 得

$$\mathrm{Min}\bigcup_{x \in X_0} F(x, x) \neq \varnothing \quad \text{和} \quad \mathrm{Max}\bigcup_{y \in X_0} \mathrm{Min}_w F(X_0, y) \neq \varnothing.$$

然后, 由引理 4.2.1 知, 存在 $\bar{y} \in X_0$ 使得

$$F(\bar{y}, \bar{y}) \bigcap \mathrm{Min}_w \bigcup_{x \in X_0} F(x, \bar{y}) \neq \varnothing.$$

由引理 1.2.3 和引理 1.2.4 得, $\bigcup_{x \in X_0} F(x, x)$ 和 $\bigcup_{y \in X_0} \mathrm{Min}_w F(X_0, y)$ 是两个紧集. 再由引理 1.1.1 得

$$F(\bar{y}, \bar{y}) \subset \bigcup_{x \in X_0} F(x, x) \subset \mathrm{Min}\bigcup_{x \in X_0} F(x, x) + S$$

和

$$\mathrm{Min}_w \bigcup_{x \in X_0} F(x, \bar{y}) \subset \bigcup_{y \in X_0} \mathrm{Min}_w F(X_0, y) \subset \mathrm{Max}\bigcup_{y \in X_0} \mathrm{Min}_w F(X_0, y) - S.$$

即, 对任意的 $u \in F(\bar{y}, \bar{y})$ 和 $v \in \mathrm{Min}_w \bigcup_{x \in X_0} F(x, \bar{y})$, 存在 $z_1 \in \mathrm{Min}\bigcup_{x \in X_0} F(x, x)$ 和 $z_2 \in \mathrm{Max}\bigcup_{y \in X_0} \mathrm{Min}_w F(X_0, y)$ 使得

$$u \in z_1 + S \quad \text{和} \quad v \in z_2 - S.$$

特殊地, 取 $u = v$, 有

$$z_1 \in z_2 - S.$$

定理得证.

4.3　向量值集值映射的 Ky Fan 极大极小不等式与标量化

本节利用一类非线性标量化函数及其重要性质, 讨论向量集值 Ky Fan 极大极小定理与标量化结果.

定理 4.3.1　令 X_0 为 X 中的一个非空紧凸子集, 满足下列假设条件:

(i) $F : X_0 \times X_0 \to 2^R$ 是一个带有非空紧值的连续集值映射;

(ii) 对每一个 $x \in X_0$, $F(x, \cdot)$ 在 X_0 上是 R_+-拟凹的.

则有

$$\min \bigcup_{x \in X_0} \max F(x, X_0) \leqslant \max \bigcup_{x \in X_0} F(x, x). \tag{4.18}$$

证明　由假设和引理 1.1.1、引理 1.2.3、引理 1.2.4 得

$$\min \bigcup_{x \in X_0} \max F(x, X_0) \neq \varnothing \quad \text{和} \quad \max \bigcup_{x \in X_0} F(x, x) \neq \varnothing.$$

任意选择实数 t 使得

$$t > \max \bigcup_{x \in X_0} F(x, x)$$

且令

$$A = \{(x, y) \in X_0 \times X_0 : \forall z \in F(x, y), z \leqslant t\}.$$

下面证明集合 A 满足定理 1.4.3 的所有条件.

首先, 证明对任意的 $y \in X_0$, 集合 $\{x \in X_0 : (x, y) \in A\}$ 是一个闭集. 事实上, 对任意的 $y \in X_0$, 令 $x_\alpha \in \{x \in X_0 : (x, y) \in A\}$ 和 $x_\alpha \to x_0$. 由 $F(\cdot, y)$ 的下半连续性得, 对任意的 $z_0 \in F(x_0, y)$, 存在 $z_\alpha \in F(x_\alpha, y)$ 使得

$$z_\alpha \to z_0.$$

因为对任意的 α, $(x_\alpha, y) \in A$, 所以有

$$z_\alpha \leqslant t.$$

这样,

$$x_0 \in \{x \in X_0 : \forall z \in F(x, y), z \leqslant t\}.$$

因此, $\{x \in X_0 : (x, y) \in A\}$ 是一个闭集.

其次, 证明对任意的 $x \in X_0$, 集合 $\{y \in X_0 : (x, y) \notin A\}$ 是一个凸集. 事实上, 由 A 的假设可知, 对任意的 $x \in X_0$,

$$\{y \in X_0 : (x, y) \notin A\} = \{y \in X_0 : \exists z \in F(x, y), z > t\}.$$

再由条件 (ii) 和引理 4.1.4 可知,

$$\{y \in X_0 : (x, y) \notin A\}$$

是一个凸集.

更多地, 因为

$$\max F(x, x) \leqslant \max \bigcup_{x \in X_0} F(x, x),$$

所以有, 对任意的

$$x \in X_0, \quad (x, x) \in A.$$

这样, 定理 1.4.3 的所有条件都满足. 由定理 1.4.3 得, 存在 $x_0 \in X_0$ 使得

$$\{x_0\} \times X_0 \subset A,$$

即

$$\max \bigcup_{x \in X_0} F(x_0, x) \leqslant t.$$

再由 t 的假设知,

$$\min \bigcup_{x \in X_0} \max F(x, X_0) \leqslant \max \bigcup_{x \in X_0} F(x, x).$$

即 (4.18) 成立. 定理得证.

为了简便, 总是令 $e \in \text{int} S$.

定理 4.3.2　令 X_0 为 X 中的一个非空紧凸子集, 满足下列假设条件:

(i) $F : X_0 \times X_0 \to 2^V$ 是一个带有非空紧值的连续集值映射;

(ii) 对每一个 $x \in X_0$, $F(x, \cdot)$ 在 X_0 上是 S-拟凹的.

则有

$$\text{Max}_w \bigcup_{x \in X_0} F(x, x) \subset \text{Min} \bigcup_{x \in X_0} \text{Max}_w F(x, X_0) + V \backslash (-\text{int} S). \tag{4.19}$$

证明　因为 F 是连续的且 X_0 是紧的, 所以由引理 1.1.1 和引理 1.2.4 得

$$\text{Max}_w \bigcup_{x \in X_0} F(x, x) \neq \varnothing.$$

令 $z \in \text{Max}_w \bigcup_{x \in X_0} F(x, x)$. 然后,

$$(z + \text{int} S) \bigcap \left(\bigcup_{x \in X_0} F(x, x) \right) = \varnothing.$$

由引理 4.1.1 可得

$$h_{ez}(u) \leqslant 0, \quad \forall u \in \bigcup_{x \in X_0} F(x, x). \tag{4.20}$$

由 h_{ez} 和 F 的连续性和 X_0 的紧性得, 存在 $x_1 \in X_0$ 和 $z_1 \in F(x_1, x_1)$ 使得

$$\max \bigcup_{x \in X_0} h_{ez}(F(x, x)) = h_{ez}(z_1).$$

再由引理 4.1.1 可知,

$$z_1 \in \text{Max}_w \bigcup_{x \in X_0} F(x, x) \subset \bigcup_{x \in X_0} F(x, x).$$

由 (4.20) 得

$$\max \bigcup_{x \in X_0} h_{ez}(F(x, x)) \leqslant 0. \tag{4.21}$$

考虑集值映射 $G = h_{ez}(F) : X_0 \times X_0 \to 2^R$. 由引理 4.1.2 可知, 对集值映射 G 而言, 定理 4.3.1 的所有假设都成立. 即有

$$\min \bigcup_{x \in X_0} \max G(x, X_0) \leqslant \max \bigcup_{x \in X_0} G(x, x). \tag{4.22}$$

由 (4.21) 和 (4.22) 得

$$\min \bigcup_{x \in X_0} \max h_{ez}(F(x, X_0)) \leqslant 0.$$

这样, 存在 $x' \in X_0$ 使得

$$\max \bigcup_{y \in X_0} h_{ez}(F(x', y)) \leqslant 0.$$

则存在 $y' \in X_0$ 和 $z' \in F(x', y')$ 使得

$$h_{ez}(z') = \max \bigcup_{y \in X_0} h_{ez}(F(x', y)) \leqslant 0.$$

因此, 由引理 4.1.1 可知,

$$z' \notin z + \text{int} S \quad \text{和} \quad z' \in \text{Max}_w \bigcup_{y \in X_0} F(x', y).$$

从而, 有

$$\begin{aligned}
z &\in z' + V \backslash (-\text{int} S) \subset \text{Max}_w \bigcup_{y \in X_0} F(x', y) + V \backslash (-\text{int} S) \\
&\subset \text{Min} \bigcup_{x \in X_0} \text{Max}_w F(x, X_0) + S + V \backslash (-\text{int} S) \\
&= \text{Min} \bigcup_{x \in X_0} \text{Max}_w F(x, X_0) + V \backslash (-\text{int} S).
\end{aligned}$$

即 (4.19) 成立. 定理得证.

　　注 4.3.1　　如果对任意的 $x \in X_0$, $F(x, \cdot)$ 是 S-凹的, 则有对任意的 $x \in X_0$, $F(x, \cdot)$ 是 (II) S-拟凹的. 但是, 反之则不然. 因此, 定理 4.2.1 就是定理 4.3.2 的一个特例. 下面这个例子说明这一情况.

例 4.3.1 令 $X = R$, $V = R^2$, $X_0 = [0, 1]$,

$$S = \{(x, y) | \, x \geqslant 0, y \geqslant 0\}$$

和

$$M = \{(u, 0) \in R^2 | \, -1 \leqslant u \leqslant 1\}.$$

定义向量值映射 $f : X_0 \times X_0 \to R^2$ 和集值映射 $F : X_0 \times X_0 \to 2^{R^2}$ 如下,

$$f(x, y) = (y, xy^2)$$

和

$$F(x, y) = f(x, y) + M.$$

显然, 对任意的 $x \in X_0$, $F(x, \cdot)$ 在 X_0 上是 S-拟凹的. 但是, 对任意的 $x \in X_0$, $F(x, \cdot)$ 在 X_0 上不是 S-凹的. 因此, 定理 4.2.1 不可行. 但是, 定理 4.3.2 是可行的. 即, (4.19) 成立. 事实上, 通过简单的计算,

$$\mathrm{Max}_w \bigcup_{x \in X_0} F(x, x) = \{(u, 1) | \, 0 \leqslant u \leqslant 2\}$$

和

$$\mathrm{Min} \bigcup_{x \in X_0} \mathrm{Max}_w F(x, X_0) = \{(-1, 0)\}.$$

显然,

$$\mathrm{Max}_w \bigcup_{x \in X_0} F(x, x) \subset \mathrm{Min} \bigcup_{x \in X_0} \mathrm{Max}_w F(x, X_0) + V \backslash (-\mathrm{int} S).$$

定理 4.3.3 令 X_0 为 X 中的一个非空紧凸子集, 满足下列假设条件:

(i) $F : X_0 \times X_0 \to 2^V$ 是一个带有非空紧值的连续集值映射;

(ii) 对每一个 $x \in X_0$, $F(x, \cdot)$ 在 X_0 上是真 S-拟凹的.

则有

$$\mathrm{Min}_w \bigcup_{x \in X_0} \mathrm{Max}_w F(x, X_0) \subset \mathrm{Max} \bigcup_{x \in X_0} F(x, x) + V \backslash \mathrm{int} S. \tag{4.23}$$

证明 由假设和引理 1.1.1、引理 1.2.3、引理 1.2.4 得

$$\mathrm{Min}_w \bigcup_{x \in X_0} \mathrm{Max}_w F(x, X_0) \neq \varnothing.$$

令 $z \in \mathrm{Min}_w \bigcup_{x \in X_0} \mathrm{Max}_w F(x, X_0)$. 然后,

$$(z - \mathrm{int} S) \bigcap \left(\bigcup_{x \in X_0} \mathrm{Max}_w F(x, X_0) \right) = \varnothing.$$

由引理 4.1.1 知,

$$\xi_{ez}(u) \geqslant 0, \quad \forall u \in \bigcup_{x \in X_0} \mathrm{Max}_w F(x, X_0). \tag{4.24}$$

由 ξ_{ez} 和 F 的连续性以及 X_0 的紧性可知, 对任意的 $x \in X_0$, 存在 $y_1 \in X_0$ 和 $z_1 \in F(x, y_1)$ 使得

$$\max \xi_{ez}(F(x, X_0)) = \xi_{ez}(z_1).$$

从而由引理 4.1.1 得

$$z_1 \in \mathrm{Max}_w F(x, X_0) \subset \bigcup_{x \in X_0} \mathrm{Max}_w F(x, X_0).$$

再由 (4.24) 可知,

$$\max \xi_{ez}(F(x, X_0)) \geqslant 0.$$

由 $x \in X_0$ 的任意性可得

$$\min \bigcup_{x \in X_0} \max \xi_{ez}(F(x, X_0)) \geqslant 0. \tag{4.25}$$

考虑集值映射 $W = \xi_{ez}(F) : X_0 \times X_0 \to 2^R$. 由引理 4.1.2 得, 对集值映射 W 而言, 定理 4.3.1 的所有假设都成立. 即有

$$\min \bigcup_{x \in X_0} \max W(x, X_0) \leqslant \max \bigcup_{x \in X_0} W(x, x). \tag{4.26}$$

由 (4.25) 和 (4.26) 得

$$\max \bigcup_{x \in X_0} \xi_{ez}(F(x, x)) \geqslant 0.$$

这样, 存在 $x' \in X_0$ 和 $z' \in F(x', x')$ 使得

$$\xi_{ez}(z') \geqslant 0.$$

再由引理 4.1.1 可知, $z' \notin z - \mathrm{int} S$. 从而,

$$z \in z' + V \backslash \mathrm{int} S \subset \bigcup_{x \in X_0} F(x', x') + V \backslash \mathrm{int} S$$
$$\subset \mathrm{Max} \bigcup_{x \in X_0} F(x, x) - S + V \backslash \mathrm{int} S$$
$$= \mathrm{Max} \bigcup_{x \in X_0} F(x, x) + V \backslash \mathrm{int} S.$$

即, (4.23) 成立. 定理得证.

定理 4.3.4　令 X_0 为 X 中的一个非空紧凸子集, 满足下列假设条件:

(i) $F : X_0 \times X_0 \to 2^V$ 是一个带有非空紧值的连续集值映射;

(ii) 对每一个 $x \in X_0$, $F(x, \cdot)$ 在 X_0 上是真 S-拟凹的;

(iii) 对任意的 $x \in X_0$,

$$\mathrm{Max}_w \bigcup_{x \in X_0} F(x, x) - F(x, x) \subset S.$$

则有

$$\mathrm{Max}_w \bigcup_{x\in X_0} F(x,x) \subset \mathrm{Min}\bigcup_{x\in X_0}\mathrm{Max}_w F(x,X_0) + S. \tag{4.27}$$

证明　由假设和引理 1.1.1、引理 1.2.3、引理 1.2.4 得

$$\mathrm{Min}\bigcup_{x\in X_0}\mathrm{Max}_w F(x,X_0) \neq \varnothing.$$

假设 $z \in V$ 和 $z \notin \bigcup_{x\in X_0}\mathrm{Max}_w F(x,X_0) + S$, 即

$$(z-S)\bigcap \left(\bigcup_{x\in X_0}\mathrm{Max}_w F(x,X_0)\right) = \varnothing.$$

由引理 4.1.1 可得

$$\xi_{ez}(u) > 0, \quad \forall u \in \bigcup_{x\in X_0}\mathrm{Max}_w F(x,X_0). \tag{4.28}$$

由 ξ_{ez} 和 F 的连续性, 以及 X_0 的紧性可得, 对任意的 $x \in X_0$, 存在 $y_1 \in X_0$ 和 $z_1 \in F(x,y_1)$ 使得

$$\max\bigcup_{y\in X_0}\xi_{ez}(F(x,y)) = \xi_{ez}(z_1).$$

再由引理 4.1.1 得

$$z_1 \in \mathrm{Max}_w\bigcup_{y\in X_0}F(x,y) \subset \bigcup_{x\in X_0}\mathrm{Max}_w F(x,X_0).$$

因此, 由 (4.28) 知,

$$\max\bigcup_{y\in X_0}\xi_{ez}(F(x,y)) > 0.$$

再由 $x \in X_0$ 的任意性可知,

$$\min\bigcup_{x\in X_0}\max\xi_{ez}(F(x,X_0)) > 0. \tag{4.29}$$

考虑集值映射 $W = \xi_{ez}(F) : X_0 \times X_0 \to 2^R$. 由引理 4.1.2 知, 对集值映射 W 而言, 定理 4.3.1 的所有假设都成立. 即有

$$\min\bigcup_{x\in X_0}\max W(x,X_0) \leqslant \max\bigcup_{x\in X_0}W(x,x). \tag{4.30}$$

由 (4.29) 和 (4.30) 可知,

$$\max\bigcup_{x\in X_0}\xi_{ez}(F(x,x)) > 0.$$

则存在 $x' \in X_0$ 和 $z' \in F(x',x')$ 使得

$$\xi_{ez}(z') > 0.$$

再由引理 4.1.1 可得

$$z' \notin z - S. \tag{4.31}$$

如果 $z \in \mathrm{Max}_w \bigcup_{x \in X_0} F(x,x)$, 则由假设 (iii) 有

$$F(x,x) \subset z - S, \quad \forall x \in X_0.$$

这显然与 (4.31) 矛盾. 从而有

$$z \notin \mathrm{Max}_w \bigcup_{x \in X_0} F(x,x).$$

显然, 下列包含关系成立

$$\mathrm{Min} \bigcup_{x \in X_0} \mathrm{Max}_w F(x,X_0) + S \supset \bigcup_{x \in X_0} \mathrm{Max}_w F(x,X_0) + S.$$

即 (4.27) 成立. 证毕.

注 4.3.2　(i) 当 $V = R$ 且 $S = R_+$ 时, 定理 4.3.4 的条件 (iii) 总是成立的;
(ii) 下面的例子说明了定理 4.3.4 的条件 (iii) 是不可或缺的.

例 4.3.2　令 $X = R$, $V = R^2$, $X_0 = [0,1] \subset X$,

$$S = \{(x,y) | y \geqslant |x|\}$$

和

$$M = \{(u,0) | -1 \leqslant u \leqslant 1\}.$$

定义向量值映射 $f : [0,1] \times [0,1] \to R^2$ 和集值映射 $F : [0,1] \times [0,1] \to 2^{R^2}$ 如下,

$$f(x,y) = \begin{cases} (x,0), & y \leqslant x, \\ (x,2(y-x)), & y > x \end{cases}$$

和

$$F(x,y) = f(x,y) + M.$$

显然, F 是连续且紧值的, 而且对任意的 $x \in X_0$, $F(x,\cdot)$ 是真 S-拟凹的. 对任意的 $x \in X_0$,

$$F(x,x) = f(x,x) + M = (x,0) + M.$$

然后,

$$\mathrm{Max}_w \bigcup_{x \in X_0} F(x,x) = \{(u,0) | -1 \leqslant u \leqslant 2\}.$$

取 $x_0 = 0$. 这样,

$$\mathrm{Max}_w \bigcup_{x \in X_0} F(x,x) - F(x_0,x_0) = \{(u,0) | -2 \leqslant u \leqslant 3\} \not\subset S.$$

除了条件 (iii), 定理 4.3.4 的所有假设都成立. 更多地,

$$\mathrm{Min}\bigcup_{x\in X_0}\mathrm{Max}_w F(x,X_0) = \{(u,0)|0 \leqslant u \leqslant 2\}.$$

从而,

$$\mathrm{Max}\bigcup_{x\in X_0}F(x,x) \not\subset \mathrm{Min}\bigcup_{x\in X_0}\mathrm{Max}_w F(x,X_0) + S.$$

因此, 这就说明了定理 4.3.4 的假设 (iii) 是不可或缺的.

定理 4.3.5 令 X_0 为 X 中的一个非空紧凸子集, 满足下列假设条件:

(i) $F : X_0 \times X_0 \to 2^V$ 是一个带有非空紧值的连续集值映射;

(ii) 对每一个 $x \in X_0$, $F(x,\cdot)$ 在 X_0 上是 S-拟凹的;

(iii) 对任意的 $x \in X_0$,

$$\mathrm{Min}_w\bigcup_{x\in X_0}\mathrm{Max}_w F(x,X_0) \subset \mathrm{Max}F(x,X_0) - S.$$

则有

$$\mathrm{Min}_w\bigcup_{x\in X_0}\mathrm{Max}_w F(x,X_0) \subset \mathrm{Max}_w\bigcup_{x\in X_0}F(x,x) - S. \tag{4.32}$$

证明 因为 F 是连续的且 X_0 是紧的, 所以由引理 1.1.1 和引埋 1.2.4 得

$$\mathrm{Max}_w\bigcup_{x\in X_0}F(x,x) \neq \varnothing.$$

假设 $z \in V$ 和 $z \notin \mathrm{Max}_w \bigcup_{x\in X_0}F(x,x) - S$, 即

$$(z+S)\bigcap(\mathrm{Max}_w\bigcup_{x\in X_0}F(x,x)) = \varnothing.$$

由引理 4.1.1 得

$$h_{ez}(u) < 0, \quad \forall u \in \mathrm{Max}_w\bigcup_{x\in X_0}F(x,x). \tag{4.33}$$

由 h_{ez} 和 F 的连续性, 以及 X_0 的紧性知, 存在 $x_1 \in X_0$ 和 $z_1 \in F(x_1,x_1)$ 使得

$$\max\bigcup_{x\in X_0}h_{ez}(F(x,x)) = h_{ez}(z_1).$$

由引理 4.1.1 可得

$$z_1 \in \mathrm{Max}_w\bigcup_{x\in X_0}F(x,x).$$

这样, 由 (4.33) 得

$$\max\bigcup_{x\in X_0}h_{ez}(F(x,x)) < 0. \tag{4.34}$$

考虑集值映射 $G = h_{ez}(F) : X_0 \times X_0 \to 2^R$. 由引理 4.1.2 得, 对集值映射 G 而言, 定理 4.3.1 的所有假设都成立. 即有

$$\min\bigcup_{x\in X_0}\max G(x,X_0) \leqslant \max\bigcup_{x\in X_0}G(x,x). \tag{4.35}$$

由 (4.34) 和 (4.35) 可得

$$\min \bigcup_{x \in X_0} \max h_{ez}(F(x, X_0)) < 0.$$

然后, 存在 $x_1 \in X_0$ 使得

$$\max h_{ez}(F(x_1, X_0)) < 0.$$

由引理 4.1.1 可知,

$$z \notin z_1 - S, \quad \forall z_1 \in F(x_1, X_0). \tag{4.36}$$

如果 $z \in \mathrm{Min}_w \bigcup_{x \in X_0} \mathrm{Max}_w F(x, X_0)$, 则由条件 (iii) 可知,

$$z \in \mathrm{Max} F(x, X_0) - S, \qquad \forall x \in X_0.$$

这就与 (4.36) 矛盾. 从而,

$$z \notin \mathrm{Min}_w \bigcup_{x \in X_0} \mathrm{Max}_w F(x, X_0).$$

因此, (4.32) 成立. 定理得证.

注 4.3.3　如果 $V = R$, $S = R_+$, 则定理 4.3.5 的条件 (iii) 总是成立.

注 4.3.4　4.2 节也得到了一些类似的结论, 但定理 4.3.2— 定理 4.3.5 的证明方法是不同的.

定理 4.3.6　令 X 为一个实的局部凸的 Hausdorff 拓扑向量空间且 X_0 为 X 中的一个非空紧凸子集. 满足下列假设条件:

(i) $F : X_0 \times X_0 \to 2^V$ 是一个带有非空紧值的连续集值映射;

(ii) 对每一个 $x \in X_0$, $F(x, \cdot)$ 在 X_0 上是 S-拟凹的.

则有

$$\exists\, z_1 \in \mathrm{Max} \bigcup_{x \in X_0} F(x, x) \quad 和 \quad \exists\, z_2 \in \mathrm{Min} \bigcup_{x \in X_0} \mathrm{Max}_w F(x, X_0)$$

使得

$$z_1 \in z_2 + S. \tag{4.37}$$

证明　令 $a \in V$. 定义集值映射 $T : X_0 \to 2^{X_0}$ 如下:

$$T(x) = \{y \in X_0 : \max h_{ea}(F(x, X_0)) \in h_{ea}(F(x, y))\}, \quad x \in X_0.$$

首先, 由 h_{ea} 和 F 的连续性以及 X_0 的紧性知, 对任意的 $x \in X_0$, $T(x) \neq \varnothing$. 其次, 证明对任意的 $x \in X_0$, $T(x)$ 是一个闭集. 事实上, 对任意的 $x \in X_0$, 令一个网 $\{y_\alpha : \alpha \in I\} \subset T(x)$ 和 $y_\alpha \to y_0$. 因为

$$h_{ea}(F(x, y_\alpha)) \subset h_{ea}(F(x, X_0)), \quad \forall a,$$

所以

$$\max h_{ea}(F(x, X_0)) = \max h_{ea}(F(x, y_\alpha)).$$

再由引理 4.1.3 得, $\max h_{ea}(F(x, \cdot))$ 是一个连续的实值映射. 从而有

$$\max h_{ea}(F(x, X_0)) = \max h_{ea}(F(x, y_0)).$$

这就说明了

$$\max h_{ea}(F(x, X_0)) \in h_{ea}(F(x, y_0)),$$

即

$$y_0 \in T(x) = \{y \in X_0 : \max h_{ea}(F(x, X_0)) \in h_{ea}(F(x, y))\}.$$

这就证明了对每一个 $x \in X_0$, $T(x)$ 是一个闭集.

下面证明对每一个 $x \in X_0$, $T(x)$ 是一个凸集. 事实上, 对每一个 $x \in X_0$, 令 $y_1, y_2 \in T(x)$ 和 $\lambda \in [0,1]$. 由条件 (ii) 和引理 4.1.2 可知, 存在

$$z_0 \in h_{ea}(F(x, \lambda y_1 + (1-\lambda)y_2))$$

使得

$$z_0 \geqslant \max h_{ea}(F(x, X_0)).$$

因为

$$h_{ea}(F(x, \lambda y_1 + (1-\lambda)y_2)) \subset h_{ea}(F(x, X_0)),$$

所以

$$z_0 \leqslant \max h_{ea}(F(x, X_0)).$$

这样,

$$\max h_{ea}(F(x, X_0)) = z_0 \in h_{ea}(F(x, \lambda y_1 + (1-\lambda)y_2)),$$

即

$$\lambda y_1 + (1-\lambda)y_2 \in T(x) = \{y \in X_0 : \max h_{ea}(F(x, X_0)) \in h_{ea}(F(x, y))\}.$$

即, 对任意的 $x \in X_0$, $T(x)$ 是一个凸集.

现在证明 T 是上半连续的. 因为 X_0 是紧的, 所以仅需要证明 T 是一个闭图即可. 令一个网

$$\{(x_\alpha, y_\alpha)\} \subset \mathrm{Graph}\, T := \{(x, y) \in X_0 \times X_0 : \max h_{ea}(F(x, X_0)) \in h_{ea}(F(x, y))\}$$

且

$$(x_\alpha, y_\alpha) \to (x_0, y_0).$$

因为
$$h_{ea}(F(x_\alpha, y_\alpha)) \subset h_{ea}(F(x_\alpha, X_0)), \quad \forall \alpha,$$
所以
$$\max h_{ea}(F(x_\alpha, X_0)) = \max h_{ea}(F(x_\alpha, y_\alpha)).$$
由引理 1.2.3 和引理 4.1.3 可得, $\max h_{ea}(F(\cdot, X_0))$ 和 $\max h_{ea}(F(\cdot, \cdot))$ 是两个连续的实值函数. 从而, 有
$$\max h_{ea}(F(x_0, X_0)) = \max h_{ea}(F(x_0, y_0))$$
然后,
$$\max h_{ea}(F(x_0, X_0)) \in h_{ea}(F(x_0, y_0)),$$
即
$$(x_0, y_0) \in \text{Graph } T.$$
即, T 是上半连续的.

这样, 由定理 1.4.2 得, 存在 $x_0 \in X_0$ 使得
$$x_0 \in T(x_0),$$
即
$$\max h_{ea}(F(x_0, X_0)) \in h_{ea}(F(x_0, x_0)).$$
令 $z \in F(x_0, x_0)$ 且
$$h_{ea}(z) = \max h_{ea}(F(x_0, X_0)).$$
由引理 4.1.1 可知,
$$z \in \text{Max}_w F(x_0, X_0),$$
即
$$F(x_0, x_0) \bigcap \text{Max}_w F(x_0, X_0) \neq \varnothing.$$
然后, 由假设和引理 1.1.1 可知,
$$F(x_0, x_0) \subset \text{Max}\bigcup_{x \in X_0} F(x, x) - S$$
和
$$\text{Max}_w F(x_0, X_0) \subset \text{Min}\bigcup_{x \in X_0} \text{Max}_w F(x, X_0) + S.$$
即, 对每一个
$$u \in F(\bar{x}, \bar{x}) \text{ 和 } v \in \text{Max}_w \bigcup_{y \in X_0} F(\bar{x}, y),$$

对存在

$$z_1 \in \text{Max}\bigcup_{x \in X_0} F(x,x) \quad \text{和} \quad z_2 \in \text{Min}\bigcup_{x \in X_0} \text{Max}_w F(x, X_0)$$

使得

$$u \in z_1 - S \quad \text{和} \quad v \in z_2 + S.$$

特殊地, 取 $u = v$, 有

$$z_1 \in z_2 + S.$$

定理得证.

注 4.3.5 如果对任意的 $x \in X_0$, $F(x,\cdot)$ 是 (I) 真 S-拟凹的, 则有对任意的 $x \in X_0$, $F(x,\cdot)$ 是 (II) S-拟凹的. 但是, 反之则不然. 因此, 定理 4.2.5 就是定理 4.3.6 的一个特例. 下面的例子说明了这一情况.

例 4.3.3 令 $X = R$, $V = R^2$, $X_0 = [-1, 1]$,

$$S = R_+^2$$

和

$$M = \{(u, 0) \mid -1 \leqslant u \leqslant 1\}.$$

定义向量值映射 $f : X_0 \times X_0 \to R^2$ 和集值映射 $F : X_0 \times X_0 \to 2^{R^2}$ 如下,

$$f(x, y) = \{(x(y, z)) \mid z = \sqrt{1 - y^2}\}$$

和

$$F(x, y) = f(x, y) + M.$$

显然, 对任意的 $x \in X_0$, $F(x,\cdot)$ 在 X_0 上是 (II) S-拟凹的. 但是, 对任意的 $x \in X_0$, $F(x,\cdot)$ 在 X_0 上不是 (I) 真 S-拟凹的. 因此, 定理 4.2.5 是不可行的. 但是对于定理 4.3.6 是可行的. 事实上, 通过简单的计算,

$$\text{Min}\bigcup_{x \in X_0} \text{Max}_w F(x, X_0) = \{(u, 0) \mid -1 \leqslant u \leqslant 2\}$$

和

$$\text{Max}\bigcup_{x \in X_0} F(x, x) = \left\{ \left(u, \frac{1}{2}\right) \,\middle|\, -\frac{1}{2} \leqslant u \leqslant \frac{3}{2} \right\}.$$

这样, 取

$$(-1, 0) \in \text{Min}\bigcup_{x \in X_0} \text{Max}_w F(x, X_0)$$

和

$$\left(0, \frac{1}{2}\right) \in \text{Max}\bigcup_{x \in X_0} F(x, x),$$

有

$$\left(0, \frac{1}{2}\right) \in (-1, 0) + S.$$

注 4.3.6   当 F 退化为一个实值函数且 $S = R_+$, 本章得到的 Ky Fan 极大极小定理 (4.1)、(4.3)、(4.9)、(4.11)、(4.15)—(4.19)、(4.23)、(4.27)、(4.32) 和 (4.37) 就分别退化为经典的 Ky Fan 极大极小定理.

4.4 本 章 小 结

本章主要讨论了向量集值 Ky Fan 极大极小定理. 利用 Ky Fan 引理、FKKM 定理、Kakutani-Fan-Glicksberg 不动点定理以及非线性标量化函数, 分别从两个不同的角度, 向量化与标量化, 得到了若干类型的广义的 Ky Fan 极大极小定理. 其中, 利用不动点定理和控制性条件得到了如下的一类向量集值 Ky Fan 极大极小定理:

$$\exists z_1 \in \text{Max} \bigcup_{x \in X_0} F(x, x) \quad \text{和} \quad \exists z_2 \in \text{Min} \bigcup_{x \in X_0} \text{Max}_w F(x, X_0)$$

使得

$$z_1 \in z_2 + S,$$

详见定理 4.2.5、定理 4.2.6 和定理 4.3.6. 这些集值型 Ky Fan 极大极小定理的建立为带有集值支付函数的非零和博弈理论奠定了理论基础.

第 5 章 非凸的集值极大极小定理与集值均衡问题

在实际生活和科学研究中, 人们经常会遇到映射的定义域不是凸集的情景. 例如: 当人们做博弈时, 可选的策略一般都是有限的, 而不是无限的. 还有, 在研究应用像空间方法来得到拉格朗日对偶理论时, 也会遇到类似的极大极小问题. 这就启发人们讨论定义域是非凸情况下的集值极大极小问题. 要想建立此定理, 就不能使用不动点定理、截口定理和有限交性质, 这是因为这些定理都要求映射有线性结构的定义域, 因此必须要寻找其他的证明方法. 注意到龚循华[27] 和 Bigi 等[36] 利用凸集分离定理, 分别建立了强向量平衡问题和向量平衡问题的解的存在性定理. 这些文献启发我们利用凸集分离定理来得到相应的定理. 因此, 本章首先利用凸集分离定理, 得到了锥似凸似凹条件下的集值映射极大极小定理和锥鞍点定理. 然后, 利用所得的集值映射极大极小定理和锥鞍点定理、Ky Fan 引理和一类非线性标量化函数, 分别得到了两类集值均衡问题解的存在性定理和向量集值极大极小定理.

5.1 预 备 知 识

本节主要介绍本章所使用的一些基本概念, 并给出一些相应的性质.

定义 5.1.1 设 X_0 和 Y_0 分别为 X 和 Y 中的一个非空子集, $F : X_0 \times Y_0 \to 2^V$ 为一个非空值的集值映射.

(i) 如果对任意的 $x_1, x_2 \in X_0$ 和 $\lambda \in [0,1]$, 存在 $x_0 \in X_0$ 使得

$$F(x_0, y) \subset \lambda F(x_1, y) + (1 - \lambda) F(x_2, y) + S, \quad \forall y \in Y_0,$$

则称 F 关于第一个变量是 S-似凹的;

(ii) 如果对任意的 $y_1, y_2 \in Y_0$ 和 $\lambda \in [0,1]$, 存在 $y_0 \in Y_0$ 使得

$$\lambda F(x, y_1) + (1 - \lambda) F(x, y_2) \subset F(x, y_0) + S, \quad \forall x \in X_0,$$

则称 F 关于第二个变量是 S-似凸的;

(iii) 如果 F 关于第一个变量是 S-似凹的且关于第二个变量是 S-似凸的, 则称 F 在 $X_0 \times Y_0$ 上是 S-似凸似凹的.

注 5.1.1 (i) 如果 F 退化为一个实值函数和 $S = R_+$, 则 S-似凸似凹就退化为实值函数的似凸似凹概念;

(ii) 如果 F 退化为一个向量值函数, 则关于第一个变量是 S-似凸的定义就退化为文献 [37] 中的相应的概念.

引理 5.1.1　令 X_0 和 Y_0 分别为 X 和 Y 中的一个非空子集, $F : X_0 \times Y_0 \to 2^R$ 为一个非空紧值的集值映射. 定义实值函数 $h : X_0 \to R$ 为 $h(x,y) = \min F(x,y)$.

(i) 如果 F 关于第二个变量是 R_+-似凸的, 则 h 关于第二个变量是似凸的;

(ii) 如果 F 关于第一个变量是 R_+-似凹的, 则 h 关于第一个变量是似凹的.

证明　(i) 因为 F 关于第二个变量是 R_+-似凸的, 所以对任意的 $y_1, y_2 \in Y_0$ 和 $\lambda \in [0,1]$, 存在 $y_0 \in Y_0$ 满足

$$\min\{\lambda F(x,y_1) + (1-\lambda)F(x,y_2)\} \in F(x,y_0) + R_+, \quad \forall x \in X_0.$$

则有

$$\min F(x,y_0) \leqslant \min\{\lambda F(x_1,y) + (1-\lambda)F(x_2,y)\}$$
$$= \lambda \min F(x_1,y) + (1-\lambda)\min F(x_2,y), \quad y \in Y_0.$$

即, h 关于第二个变量是似凸的.

(ii) 类似于 (i) 的证明, 立即可得.

引理 5.1.2　令 $F : X \to 2^R$ 是一个非空值的集值映射. 假设

$$\min \bigcup_{x \in X} F(x) \neq \varnothing \quad \text{和} \quad \min \bigcup_{x \in X} \min F(x) \neq \varnothing.$$

则有

$$\min \bigcup_{x \in X} F(x) = \min \bigcup_{x \in X} \min F(x).$$

证明　令 $z = \min \bigcup_{x \in X} \min F(x)$. 如果 $z \neq \min \bigcup_{x \in X} F(x)$, 则存在 $z' \in \bigcup_{x \in X} F(x)$ 使得

$$z' < z. \tag{5.1}$$

对于 z', 存在 $x' \in X$ 使得 $z' \in F(x')$. 如果 $z' = \min F(x') \in \bigcup_{x \in X} \min F(x)$, 由 z 的假设可得

$$z \leqslant z'.$$

这就与 (5.1) 矛盾. 如果 $z' \neq \min F(x')$, 则存在

$$z'' = \min F(x') \in \bigcup_{x \in X} \min F(x)$$

使得

$$z'' < z'.$$

再由 (5.1) 得

$$z'' < z.$$

这与 z 的假设矛盾. 因此,

$$z = \min \bigcup_{x \in X} F(x) = \min \bigcup_{x \in X} \min F(x).$$

定理得证.

5.2 锥似凸似凹条件下的标量值集值极大极小定理

本节主要讨论锥似凸似凹条件下的标量值集值映射的极大极小定理和锥鞍点定理.

定理 5.2.1 令 X_0 和 Y_0 分别为 X 和 Y 中的一个非空紧子集, $F : X \times Y \to 2^R$ 为一个集值映射. 满足下列假设条件:

(i) F 是连续的且非空紧值的;

(ii) F 在 $X_0 \times Y_0$ 上是 R_1-似凸似凹的;

(iii) 对每一个 $y \in Y_0$, 存在 $x_y \in X_0$ 使得

$$\min F(x_y, y) \geqslant \min \bigcup_{y \in Y_0} \max F(X_0, y).$$

则有

$$\min \bigcup_{y \in Y_0} \max F(X_0, y) = \max \bigcup_{x \in X_0} \min F(x, Y_0). \tag{5.2}$$

证明 因为 F 是连续的且紧值的, X_0 和 Y_0 是紧的, 由引理 1.1.1、引理 1.2.3、引理 1.2.4 得

$$\min \bigcup_{y \in Y_0} \max F(X_0, y) \neq \varnothing \quad \text{和} \quad \max \bigcup_{x \in X_0} \min F(x, Y_0) \neq \varnothing.$$

显然, 对任意的 $x \in X_0$ 和 $y \in Y_0$,

$$\max F(X_0, y) \geqslant \max F(x, y) \geqslant \min F(x, y) \geqslant \min F(x, Y_0).$$

所以,

$$\min \bigcup_{y \in Y_0} \max F(X_0, y) \geqslant \max \bigcup_{x \in X_0} \min F(x, Y_0).$$

下面证明反面的不等式关系也成立. 事实上, 任意选择实数 z 使得

$$\min \bigcup_{y \in Y_0} \max F(X_0, y) > z.$$

然后, 由假设 (iii), 对任意的 $y \in Y_0$, 存在 $x_y \in X_0$ 使得

$$\min F(x_y, y) > z.$$

定义集值映射 $G : X_0 \to 2^{Y_0}$ 如下,

$$G(x) := \{y \in Y_0 | \min F(x, y) > z\}, \quad x \in X_0.$$

清楚地,

$$Y_0 \subset \bigcup_{x \in X_0} G(x).$$

因为 F 是连续的且紧值的, 所以由引理 4.1.3, 对任意的 $x \in X_0$, $G(x)$ 是一个开集. 再由 Y_0 是紧的得, 存在一个有限的子列 $\{x_1, x_2, \cdots, x_n\} \subset X_0$ 使得

$$Y_0 \subset \bigcup_{1 \leqslant i \leqslant n} G(x_i).$$

即, 对每一个 $y \in Y_0$, 存在 $j \in \{1, 2, \cdots, n\}$ 使得 $y \in G(x_j)$, 即

$$\min F(x_j, y) > z.$$

下面, 令

$$K_1 := \mathrm{co}\{(\min F(x_1, y), \min F(x_2, y), \cdots, \min F(x_n, y)) \in R^n | y \in Y_0\}$$

和

$$K_2 := \{(z_1, z_2, \cdots, z_n) \in R^n | z_i \leqslant z, \forall i = 1, 2, \cdots, n\}.$$

这里 $\mathrm{co}A$ 为集合 A 的凸包. 然后, 可以清楚地看到 K_1 是 R^n 中的一个非空凸子集和 K_2 是 R^n 中的非空闭凸子集且有非空内部. 现在断言

$$K_1 \bigcap K_2 = \varnothing. \tag{5.3}$$

如果 (5.3) 不成立, 则存在 $(z_1, z_2, \cdots, z_n) \in R^n$ 使得

$$(z_1, z_2, \cdots, z_n) \in K_1 \bigcap K_2.$$

然后, 存在一个有限的子集

$$\{y_1, y_2, \cdots, y_m\} \subset Y_0$$

和

$$\lambda_1, \lambda_2, \cdots, \lambda_m \geqslant 0 \quad \text{且} \quad \sum_{i=1}^{m} \lambda_i = 1$$

使得

$$(z_1, z_2, \cdots, z_n)$$
$$= \sum_{j=1}^{m} \lambda_j (\min F(x_1, y_j), \min F(x_2, y_j), \cdots, \min F(x_n, y_j))$$
$$= \left(\sum_{j=1}^{m} \lambda_j \min F(x_1, y_j), \sum_{j=1}^{m} \lambda_j \min F(x_2, y_j), \cdots, \sum_{j=1}^{m} \lambda_j \min F(x_n, y_j) \right).$$

这样, 由假设和引理 5.1.1 得, 存在 $y_0 \in Y_0$ 使得

$$\sum_{j=1}^{m} \lambda_j \min F(x, y_j) \geqslant \min F(x, y_0), \quad \forall x \in X_0.$$

因此, 对任意的 $i \in \{1, 2, \cdots, n\}$, 有

$$z \geqslant z_i = \sum_{j=1}^{m} \lambda_j \min F(x_i, y_j) \geqslant \min F(x_i, y_0).$$

另一方面, 对 $y_0 \in Y_0$, 存在 $i_0 \in \{1, 2, \cdots, n\}$ 满足

$$\min F(x_{i_0}, y_0) > z.$$

这显然是一个矛盾. 因此, 假设不成立. 即 (5.3) 成立. 然后, 利用凸集分离定理, 存在 $(u_1, u_2, \cdots, u_n) \in R^n \backslash \{0_{R^n}\}$ 使得对所有 $y \in Y_0$ 和 $(z_1, z_2, \cdots, z_n) \in K_2$,

$$\sum_{i=1}^{n} u_i (\min F(x_i, y)) \geqslant \sum_{i=1}^{n} u_i z_i. \tag{5.4}$$

令 $z_i \to -\infty$, 有

$$u_i \geqslant 0, \quad \forall i \in \{1, 2, \cdots, n\}.$$

这样,

$$\sum_{i=1}^{n} u_i > 0.$$

再由 (5.4) 得

$$\frac{\sum_{i=1}^{n} u_i (\min F(x_i, y))}{\sum_{i=1}^{n} u_i} \geqslant \frac{\sum_{i=1}^{n} u_i z_i}{\sum_{i=1}^{n} u_i}$$

再令

$$u_i := \frac{u_i}{\sum\limits_{i=1}^{n} u_i}.$$

可有

$$u_1, u_2, \cdots, u_n \geqslant 0 \text{ 和 } \sum\limits_{i=1}^{n} u_i = 1.$$

取 $(z, z, \cdots, z) \in K_2$, 由 (5.4) 可知, 对所有的 $y \in Y_0$,

$$\sum\limits_{i=1}^{n} u_i (\min F(x_i, y)) \geqslant z.$$

然后, 由假设和引理 5.1.1 得, 存在 $x_0 \in X_0$ 使得

$$\min F(x_0, y) \geqslant \sum\limits_{i=1}^{n} u_i \min F(x_i, y) \geqslant z, \quad \forall y \in Y_0.$$

由 y 的任意性和引理 5.1.2 得

$$\min \bigcup_{y \in Y_0} F(x_0, y) = \min \bigcup_{y \in Y_0} \min F(x_0, y) \geqslant z.$$

从而有

$$\max \bigcup_{x \in X_0} \min F(x, Y_0) \geqslant \min \bigcup_{y \in Y_0} F(x_0, y) \geqslant z.$$

再由 z 的任意性得

$$\max \bigcup_{x \in X_0} \min F(x, Y_0) \geqslant \min \bigcup_{y \in Y_0} \max F(X_0, y).$$

即 (5.2) 成立. 定理得证.

注 5.2.1   (i) 当 F 退化为一个单值函数时, 定理 5.2.1 假设 (iii) 总是成立. 所以定理 5.2.1 也就相应地退化为文献 [37] 和 [38] 中的相应的定理.

(ii) 显然, 定理 5.2.1 的证明方法与第 2 章和第 3 章极大极小定理的证明方法是不一样的.

(iii) 因为 5.2.1 没有要求 X_0 和 Y_0 是凸集, 所以定理 5.2.1 的凸凹假设与第 2 章和第 3 章相应定理的凸凹假设是不同的.

下面举例说明第 2 章和第 3 章相应定理不可行时, 定理 5.2.1 是可行的.

例 5.2.1   令 $X = Y = R, V = R, X_0 = \left[-1, -\dfrac{1}{2}\right] \bigcup \left[\dfrac{1}{2}, 1\right], Y_0 = [0, 1]$. 定义集值映射 F 如下,

$$F(x, y) = [yx, y(x^3 + 2)].$$

显然, F 是连续的且紧值的. 对所有的 $x \in X_0$ 和 $y \in Y_0$,

$$\min F(x, y) = yx.$$

从而, F 在 $X_0 \times Y_0$ 上是 S-似凸似凹的. 但是, X_0 不是凸集. 所以第 2 章和第 3 章相应定理是不可行的. 下面验证定理 5.2.1 是可行的. 由 F 的定义知

$$\min \bigcup_{y \in Y_0} \max F(X_0.Y) = 0.$$

对每一个 $y \in Y_0$, 取 $x_y = 1$, 可有

$$\min F(1, y) = y \geqslant \min \bigcup_{y \in Y_0} \max F(X_0, y) = 0.$$

即, 定理 5.2.1 的假设 (iii) 成立. 这样, 定理 5.2.1 的所有假设都成立. 再由简单的计算可得

$$\max \bigcup_{x \in X_0} \min F(x, Y_0) = 0,$$

即

$$\min \bigcup_{y \in Y_0} \max F(X_0, y) = \max \bigcup_{x \in X_0} \min F(x, Y_0).$$

定理 5.2.2 假设定理 5.2.1 的所有假设都成立, 则至少存在 F 的一个 R_+ 鞍点.

证明 由定理 2.2.2, 立即可得.

例 5.2.2 考虑例 5.2.1. 显然, 定理 5.2.2 的所有假设都成立. 因此, 定理 5.2.2 是可行的. 事实上, 由简单的计算, 可得

$$F(1, 0) = 0$$

和

$$\min \bigcup_{y \in Y_0} F(1, y) = \max \bigcup_{x \in X_0} F(x, 0) = 0.$$

即, $(1, 0)$ 是 F 的一个 R_+-鞍点.

5.3 广义向量均衡问题解的存在性

本节主要讨论下面两类集值均衡问题解的存在性.

广义向量均衡问题模型 1(GVEP1) 找 $\bar{x} \in K$ 使得对所有 $y \in K$, 存在 $\bar{s} \in T(\bar{x})$ 满足

$$F(\bar{s}, \bar{x}, y) \not\subset - \mathrm{int}S;$$

广义向量均衡问题模型 2(GVEP2)　　找 $\bar{x} \in K$ 带有 $\bar{s} \in T(\bar{x})$ 使得

$$F(\bar{s}, \bar{x}, y) \not\subset -\text{int}S, \quad \forall y \in K.$$

这里, $K \subset Y$ 为一个非空集, $F : X \times K \times K \to 2^V$ 和 $T : K \to 2^X$ 是两个集值映射.

　　注 5.3.1　(i) 如果 $\bar{x}$ 是 (GVEP2) 的一个解, 则 $\bar{x}$ 也是 (GVEP1) 的一个解. 反之则不然.

　　(ii) 如果 F 退化为一个实值函数和 $S = R_+$, 且映射对任意的 $x, y \in K$, $s \to F(s, x, y)$ 是一个常数, 则 (GVEP1) 和 (GVEP2) 就退化为了实值函数的均衡问题.

　　定理 5.3.1　令 K 为 Y 中一个非空凸紧子集, $F : X \times K \times K \to 2^V$ 和 $T : K \to 2^X$ 是两个集值映射. 假设下面的条件满足:

　　(i) F 和 T 是两个连续的集值映射且非空紧值的;

　　(ii) 对任意的 $x \in K$, 存在 $s \in T(x)$ 使得 $F(s, x, x) \not\subset -\text{int}S$;

　　(iii) 对任意的 $x \in K$ 和 $s \in T(x)$, $\{y \in K : F(s, x, y) \subset -\text{int}S\}$ 是一个凸集.

则存在 $\bar{x} \in K$ 使得它是 GVEP1 的一个解.

　　证明　定义集值映射 $\Omega : K \to 2^K$ 如下,

$$\Omega(y) := \{x \in K | F(s, x, y) \not\subset -\text{int}S, \exists s \in T(x)\}, \quad y \in K.$$

显然, 有假设 (ii) 可知, 对任意的 $y \in K$, 有 $y \in \Omega(y)$. 因此, 对任意的 $y \in K$, $\Omega(y) \neq \varnothing$.

　　下面证明对任意的 $y \in K$, $\Omega(y)$ 是一个紧集. 事实上, 因为 K 是紧的, 仅需证明对任意的 $y \in K$, $G(y)$ 是一个闭集即可. 的确, 对任意的 $y \in K$, 令一个网

$$\{x_\alpha : \alpha \in I\} \subset \Omega(y) \quad 且 \quad x_\alpha \to x_0.$$

由 Ω 的定义知, 存在 $\{z_\alpha\}$ 使得

$$z_\alpha \in F(s, x_\alpha, y) \quad 和 \quad z_\alpha \in V/(-\text{int}S).$$

因为 $F(s, \cdot, y)$ 是上半连续且紧值的, 所以由引理 1.2.1 得, 存在一个 $\{z_\alpha\}$ 的子网 $\{z_\beta\}$ 和 $z_0 \in F(s, x_0, y)$ 满足

$$z_\beta \to z_0.$$

再由 $V/(-\text{int}S)$ 的闭性得

$$z_0 \not\subset -\text{int}S.$$

从而,

$$x_0 \in \Omega(y) = \{x \in K | F(s, x, y) \not\subset -\text{int}S, \exists s \in T(x)\}.$$

因此, 对任意的 $y \in K$, $\Omega(y)$ 是一个闭集.

现在证明 Ω 是一个 KKM 映射. 事实上, 如果 Ω 不是一个 KKM 映射, 则存在一个有限子集 $\{k_1, k_2, \cdots, k_n\} \subset K$ 使得

$$\mathrm{co}\{k_1, k_2, \cdots, k_n\} \not\subset \bigcup_{i=1}^{n} \Omega(k_i).$$

这样, 存在 $x^* \in \mathrm{co}\{k_1, k_2, \cdots, k_n\}$ 使得

$$F(s, x^*, k_i) \subset -\mathrm{int}S,$$

$\forall i \in \{1, 2, \cdots, n\}$ 和 $s \in T(x^*)$. 再由假设 (iii) 得

$$F(s, x^*, x^*) \subset -\mathrm{int}S,$$

对任意的 $s \in T(x^*)$. 这就与条件 (ii) 矛盾. 因此, Ω 是一个 KKM 映射.

由 Ky Fan 引理得

$$\bigcap_{y \in K} \Omega(y) \neq \varnothing.$$

令 $\bar{x} \in \bigcap_{y \in K} \Omega(y)$. 这样, $\bar{x}$ 就是 (GVEP1) 的一个解. 定理得证.

定理 5.3.2 在定理 5.3.1 的所有假设下, 可得 $\bar{x}$ 是 (GVEP1) 的一个解. 另外, 令 $e \in \mathrm{int}S$ 且满足下列条件:

(i) $\xi_e(F(\cdot, \bar{x}, \cdot))$ 在 $T(\bar{x}) \times K$ 上是 R_+-似凸似凹的;

(ii) 对任意的 $x \in K$, 存在 $s_x \in T(\bar{x})$ 使得

$$\min \xi_e(F(s_x, \bar{x}, x)) \geqslant \min \bigcup_{x \in K} \max \xi_e(F(T(\bar{x}), \bar{x}, x)).$$

则 $\bar{x}$ 也是 (GVEP2) 的一个解.

证明 从定理 5.3.1 得, $\bar{x} \in K$ 使得对任意的 $x \in K$, 存在 $s \in T(\bar{x})$ 满足

$$F(s, \bar{x}, x) \not\subset -\mathrm{int}S.$$

然后, 由引理 4.1.1 得

$$\min \bigcup_{x \in K} \max \xi_e(F(T(\bar{x}), \bar{x}, x)) \geqslant 0.$$

从而, 存在 $\bar{s} \in T(\bar{x})$ 使得

$$\min \bigcup_{x \in X_0} \xi_e(F(\bar{s}, \bar{x}, x)) \geqslant 0.$$

这样, 再由引理 4.1.1 得, 存在 $\bar{s} \in T(\bar{x})$ 使得

$$F(\bar{s}, \bar{x}, x) \not\subset -\mathrm{int}S,$$

对任意的 $x \in K$. 即, $\bar{x}$ 是 (GVEP2) 的一个解. 定理得证.

注 5.3.2　当 F 退化为一个标量值集值映射和 $S = R_+$ 时, 通过令 $e = 1 \in \mathrm{int} R_+$, 有 $\xi_e \circ F = F$. 这样, 也就是说得到了带有标量值集值映射的广义向量均衡问题. 值得注意的是, 定理 5.3.1 和定理 5.3.2 不要求 $T(x)$ 是凸值的. 因此, 此结论和文献 [30] 中的定理 2.3 是不同的. 下面的例子解释了这一情况.

例 5.3.1　令 $X = Y = R$ 和 $K = [1, 2]$. 定义集值映射 $T : K \to 2^X$ 和 $F : X \times K \times K \to 2^R$ 如下,

$$T(x) = \{x, 2x\}$$

和

$$F(s, x, y) = \{s\mu(y - x) : \mu \in [0, 1]\}.$$

显然, 由 F 的定义可知, 定理 5.3.1 的所有假设都成立. 从而, 通过一个简单的计算可得, $\bar{x} = 1$ 是 (GVEP1) 的一个解. 又因为对每一个 $x \in K$, $T(x)$ 不是凸的, 所以文献 [30] 中的定理 2.3 是不可行的. 但是定理 5.3.2 却是可行的. 事实上, 通过计算, 有

$$\min \bigcup_{x \in K} \max F(T(1), 1, x) = 0.$$

然后, 对任意的 $x \in K$, 取 $s_x = 2 \in T(1)$, 则

$$\min F(2, \bar{1}, x) \geqslant \min \bigcup_{x \in K} \max F(T(\bar{1}), \bar{1}, x) = 0.$$

即, 定理 5.3.2 的所有假设都成立. 通过验证, $\bar{x} = 1$ 也是 (GVEP1) 的一个解.

5.4　锥似凸似凹条件下的向量集值极大极小定理

本节主要研究锥似凸似凹条件下的两类向量集值极大极小定理.

定理 5.4.1　令 X_0 和 Y_0 分别为 X 和 Y 中的一个非空紧子集, $F : X \times Y \to 2^V$ 为一个集值映射, 且存在一个从 V 到 R 上的严格单调增加连续函数 u 使得下列条件满足:

(i) F 是连续的且非空紧值的;

(ii) F 在 $X_0 \times Y_0$ 上是 S-似凸似凹的;

(iii) 对每一个 $y \in Y_0$, 存在 $x_y \in X_0$ 使得

$$\min u(F(x_y, y)) \geqslant \min \bigcup_{y \in Y_0} \max u(F(X_0, y)).$$

则有

$$\exists \, z_1 \in \mathrm{Max} \bigcup_{x \in X_0} \mathrm{Min}_w F(x, Y_0) \quad \text{和} \quad \exists z_2 \in \mathrm{Min} \bigcup_{y \in Y_0} \mathrm{Max}_w F(X_0, y)$$

使得

$$z_1 \in z_2 + S. \tag{5.5}$$

证明　由定理 5.2.2 得, $u \circ F$ 存在一个 R_+-鞍点. 类似于定理 2.3.1 和定理 2.3.2 的证明, 立即可得 (5.5) 成立.

下令 $e \in \mathrm{int} S$ 和 $a \in V$.

定理 5.4.2　令 X_0 和 Y_0 分别为 X 和 Y 中的一个非空紧子集, $F : X \times Y \to 2^V$ 为一个集值映射, 且存在一个从 V 到 R 上的严格单调增加连续函数 u 使得下列条件满足:

(i) F 是连续的且非空紧值的;

(ii) F 在 $X_0 \times Y_0$ 上是 S-似凸似凹的;

(iii) 对每一个 $y \in Y_0$, 存在 $x_y \in X_0$ 使得

$$\min \xi_{ea}(F(x_y, y)) \geqslant \min \bigcup_{y \in Y_0} \max \xi_{ea}(F(X_0, y));$$

(iv) 对任意的 $x \in X_0$,

$$\mathrm{Max} \bigcup_{x \in X_0} \mathrm{Min}_w F(x, Y_0) \subset F(x, Y_0) + S.$$

则有

$$\mathrm{Max} \bigcup_{x \in X_0} \mathrm{Min}_w F(x, Y_0) \subset \mathrm{Min} \bigcup_{y \in Y_0} \mathrm{Max}_w F(X_0, y) + S. \tag{5.6}$$

证明　由引理 1.1.1、引理 1.2.3、引理 1.2.4 得

$$\mathrm{Max} \bigcup_{x \in X_0} \mathrm{Min}_w F(x, Y_0) \neq \varnothing \quad 和 \quad \mathrm{Min} \bigcup_{y \in Y_0} \mathrm{Max}_w F(X_0, y) \neq \varnothing.$$

假设 $a \in V$ 且 $a \notin \bigcup_{y \in Y_0} \mathrm{Max}_w F(X_0, y) + S$, 即

$$(a - S) \bigcap (\bigcup_{y \in Y_0} \mathrm{Max}_w F(X_0, y)) = \varnothing.$$

由引理 4.1.1 得

$$\xi_{ea}(z) > 0, \quad \forall \bigcup_{y \in Y_0} \mathrm{Max}_w F(X_0, y). \tag{5.7}$$

考虑集值映射

$$G = \xi_{ea}(F) : X_0 \times Y_0 \to 2^R.$$

由 ξ_{ea} 函数的单调增加性质得, 对集值映射 G 而言, 定理 5.2.1 的所有假设都满足. 即

$$\min \bigcup_{y \in Y_0} \max G(X_0, y) = \max \bigcup_{x \in X_0} \min G(x, Y_0). \tag{5.8}$$

由 F 和 ξ_{ea} 的连续性以及 X_0 的紧性可得, 存在 x_y 和 $z_y \in F(x_y, y)$ 使得

$$\xi_{ea}(z_y) = \max \bigcup_{x \in X_0} \xi_{ea}(F(x, y)).$$

由引理 4.1.1 可知,

$$z_y \in \mathrm{Max}_w \bigcup_{x \in X_0} F(x, y).$$

因此, 由 (5.7) 得, 对任意的 $y \in Y_0$,

$$\xi_{ea}(z_y) = \max \bigcup_{x \in X_0} \xi_{ea}(F(x, y)) > 0.$$

再由 y 的任意性知,

$$\min \bigcup_{y \in Y_0} \max G(X_0, y) > 0.$$

由 (5.8) 得

$$\max \bigcup_{x \in X_0} \min G(x, Y_0) > 0.$$

存在 $x' \in X_0$ 使得

$$\min \bigcup_{y \in Y_0} \xi_{ea}(F(x', y)) > 0.$$

这样, 再由引理 4.1.1 可得

$$z \notin a - S, \quad \forall z \in F(x', Y_0).$$

因此,

$$a \notin F(x', Y_0) + S. \tag{5.9}$$

如果 $a \in \mathrm{Max} \bigcup_{x \in X_0} \mathrm{Min}_w F(x, Y_0)$, 则由条件 (iv) 可知,

$$a \in F(x, Y_0) + S, \quad \forall x \in X_0.$$

这就与 (5.9) 矛盾. 从而,

$$a \notin \mathrm{Max} \bigcup_{x \in X_0} \mathrm{Min}_w F(x, Y_0).$$

又因为下列式子总成立,

$$\bigcup_{y \in Y_0} \mathrm{Max}_w F(X_0, y) + S = \mathrm{Min} \bigcup_{y \in Y_0} \mathrm{Max}_w F(X_0, y) + S,$$

所以, (5.6) 成立. 定理得证.

　　注 **5.4.1**　当 F 退化为一个标量值集值映射时, 定理 5.4.2 的假设 (iv) 总成立.

5.5 本 章 小 结

本章主要讨论了非凸的集值极大极小定理和集值均衡问题. 首先, 利用凸集分离定理, 得到了标量值集值映射的极大极小定理和锥鞍点定理, 详见定理 5.2.1 和定理 5.2.2. 其次, 作为实数值极大极小定理的应用, 得到了两个带有集值映射的广义向量平衡问题的存在性定理, 此结论改进和推广了已有的结论, 详见定理 5.3.1 和定理 5.3.2. 最后, 利用锥似凸似凹条件下的实数值集值映射的极大极小定理、锥鞍点定理和标量化函数, 在不同的条件下得到了下面两类向量值集值映射的极大极小定理:

(1) $\exists z_1 \in \text{Max} \bigcup_{x \in X_0} \text{Min}_w F(x, Y_0)$ 和 $\exists z_2 \in \text{Min} \bigcup_{y \in Y_0} \text{Max}_w F(X_0, y)$ 使得

$$z_1 \in z_2 + S;$$

(2) $\forall z_1 \in \text{Max} \bigcup_{x \in X_0} \text{Min}_w F(x, Y_0), \exists z_2 \in \text{Min} \bigcup_{y \in Y_0} \text{Max}_w F(X_0, y)$ 使得

$$z_1 \in z_2 + S,$$

详见定理 5.4.1 和定理 5.4.2.

第6章　几类特殊的集值极大极小定理

特殊问题有其特殊性, 往往比研究一般情景的问题更难. 关于讨论特殊向量极大极小问题如下: Nieuwenhuis[39] 首次得到了向量值函数 $f(x,y) = x + y$ 的一个极大极小定理且引入了广义向量值映射的锥鞍点的定义, 并利用标量化的方法, 得到了一个在连续性假设、凸凹性假设下的一个广义的鞍点定理. 随后, Tanaka[17] 在有限维空间中得到了一类更为广泛的向量值函数 $f(x,y) = u(x) + v(y)$ 的一个极大极小定理, 这里 u, v 为两个向量值映射. 更多地, Tanaka[18-20] 利用标量化函数和一些不动点定理, 得到了一些广义向量值映射的锥鞍点的存在性定理, 并利用这个鞍点的存在性定理和控制性条件, 得到了一类不同于 Nieuwenhuis 所得的向量值映射的极大极小定理, Tanaka[18-22] 首次给出了向量值映射锥自然拟凸、拟凹的定义, 并在这种锥自然拟凸、拟凹的假设下得到了广义向量值映射鞍点的存在性定理, 同时由这个鞍点的存在性定理和控制性条件, 也得到了在锥自然拟凸、拟凹的假设下的上述这类向量值映射的极大极小定理. Tanaka[23] 首先研究了锥半连续的几种等价的定义, 并在这种锥半连续假设下, 得到了一类比变量分离的向量值映射更一般的一类向量值映射的鞍点定理和极大极小定理. 随后, 施斗山和凌晨[40] 引入了向量值映射一致同阶的定义, 并说明了这种定义的向量值映射严格包含变量分离的向量值映射, 同时也研究了这种特殊的向量值映射的一种特殊的性质, 利用这种特殊的性质, 在没有任何凸性假设下, 得到了一致同阶向量值映射的极大极小定理和锥鞍点定理, 并描述了锥鞍点集的结构.

受上述文献启发, 本章讨论几类特殊集值映射的极大极小问题. 首先, 我们讨论一般向量值映射与一个固定集合之和 $(F(x,y) = f(x,y) + M)$ 的极大极小定理. 其次, 引入集值映射一致同阶的概念, 讨论一致同阶集值的极大极小定理与其锥鞍点定理. 同时, 对于其特殊情况, 讨论变量分离向量映射与一个固定集合之和 $(F(x,y) = f(x,y) + M)$ 的极大极小定理.

6.1　$F(x, y) = f(x, y) + M$ 的极大极小定理

本节总是令 X, Y 为两个度量空间, V 为 R^n 空间.

定义 6.1.1 [34]　令 M 为 R^n 中的一个非空子集. 如果存在 $z_1, z_2 \in V$ 使得

$$M \subset (z_1 + S) \bigcap (z_2 - S),$$

就称 M 是 S-有界的.

首先, 我们得到了这类特殊集值映射的连续性结论.

引理 6.1.1　令 X_0 为 X 中的一个非空紧子集, $F : X_0 \times Y_0 \to 2^V$ 为一个非空值的集值映射且满足 $F(x) = f(x) + M$. 这里 $f : X_0 \to R^n$ 是一个向量值映射.

(i) 如果 f 是 X_0 上的一个连续的向量值映射且 M 是 R^n 中的一个非空的 S-有界闭子集, 则 F 在 X_0 上是上半连续的;

(ii) 如果 f 是 X_0 上的一个连续的向量值映射, 则 F 在 X_0 上是下半连续的.

证明　(i) 由引理 1.2.2 得, 仅需要证明对所有 R^n 中的闭子集 G, G 的逆像

$$F^{-1}(G) = \{x \in X_0 | (f(x) + M) \bigcap G \neq \varnothing\}$$

是闭的.

令 $x_n \in F^{-1}(G)$ 且 $x_n \to x_0 \in X_0$. 由 $F^{-1}(G)$ 的定义得

$$(f(x_n) + M) \bigcap G \neq \varnothing.$$

然后, 对任意的 n, 存在 $m_n \in M$ 使得

$$f(x_n) + m_n \in G.$$

因为 M 是一个 S- 有界闭子集, 所以存在 $\{m_n\}$ 一个收敛子序列 $\{m_{n_k}\}$ 且 $m_{n_k} \to m_0 \in M$. 再由 G 的闭性得

$$f(x_0) + m_0 \in G,$$

即

$$x_0 \in F^{-1}(G) = \{x \in X_0 | (f(x) + M) \bigcap G \neq \varnothing\}.$$

因此, F 在 X_0 上是上半连续的.

(ii) 由引理 1.2.2 得, 仅需要证明对所有 R^n 中的闭子集 G, G 的核

$$F^{+1}(G) = \{x \in X_0 | f(x) + M \subset G\}$$

是闭的.

令 $x_n \in F^{+1}(G)$ 和 $x_n \to x_0 \in X_0$. 由 $F^{+1}(G)$ 的定义可得, 对所有的 $m \in M$,

$$f(x_n) \in G - m.$$

因为 G 是一个闭集, 所以对所有 $m \in M$, 有

$$f(x_0) \in G - m.$$

再由 m 的任意性,

$$f(x_0) + M \subset G,$$

即

$$x_0 \in F^{+1}(G) = \{x \in X_0 | f(x) + M \subset G\}.$$

因此, F 在 X_0 上是下半连续的. 引理得证.

下面的例子说明了如果 M 不是 S-有界的, 则上述引理中的 (i) 不一定成立.

例 6.1.1 令 $X = R, V = R^2, X_0 = [-1,1] \subset X, S = R_+^2, M = \{(0,t)|\forall t \in R\}$. 定义向量值映射 $f : X_0 \to V$ 和集值映射 $F : X_0 \to 2^V$ 如下,

$$f(x) = (x,0), \quad \forall x \in [-1,1]$$

和

$$F(x) = f(x) + M.$$

显然, f 是连续的且 M 是一个闭集. 但是 M 不是 R_+^2-有界的. 下面断言对每一个 $x \in X_0, F$ 都不是上半连续的. 事实上, 对每一个 $t \in [-1,1]$,

$$N(F(t)) = \left\{ (x,y) : |y| < \frac{1}{|x-t|} \right\}$$

是 $F(t)$ 的一个邻域. 这样, 对 t 的任一邻域 $N(t)$, 都存在 $t_0 \in N(t)$ 使得

$$F(t_0) \not\subset N(F(t)).$$

由集值映射上半连续的定义可知, 对任意的 $t \in [-1,1], F$ 都不是上半连续的.

引理 6.1.2 令 X_0 和 Y_0 分别为 X 和 Y 的两个非空的紧子集, $F : X_0 \times Y_0 \to 2^V$ 为一个非空值的集值映射且 $F(x,y) = f(x,y) + M$, 这里 $f : X_0 \times Y_0 \to R^n$ 是一个向量值映射, M 是 R^n 中的一个固定集合. 如果满足下列假设:

(i) f 是一个连续的向量值映射;

(ii) M 是 R^n 中的一个非空的 S-有界闭子集.

则有

$$\text{Max} \bigcup_{x \in X_0} \text{Min}_w F(x, Y_0) \neq \varnothing \quad \text{和} \quad \text{Min} \bigcup_{y \in Y_0} \text{Max}_w F(X_0, y) \neq \varnothing.$$

证明 因为 f 是连续的且 M 是非空的 S-有界闭子集, 由引理 6.1.1 可得, 集值映射 $F(x,y) = f(x,y) + M$ 是连续的. 再由假设 (ii), M 是 R^n 中的紧集. 又因为 X_0 和 Y_0 为两个紧集, 由引理 1.1.1、引理 1.2.3、引理 1.2.4 得

$$\text{Max} \bigcup_{x \in X_0} \text{Min}_w F(x, Y_0) \neq \varnothing \quad \text{和} \quad \text{Min} \bigcup_{y \in Y_0} \text{Max}_w F(X_0, y) \neq \varnothing.$$

结论得证.

引理 6.1.3　令 X_0 为 X 的一个非空紧子集, $F : X_0 \to 2^V$ 为一个非空值的集值映射且对任意的 $x \in X_0$, $F(x)$ 是一个非空的紧子集, 则有 $\psi(x) = \text{Min}_w F(x)$ 是 X_0 上的上半连续紧值映射.

证明　由引理 1.2.3 可得 $\psi(x)$ 是上半连续的, 再由 X_0 是一个紧集和弱极小元集的闭性可得 $\psi(x)$ 是紧值的.

引理 6.1.4　令 X_0 为 X 的一个非空紧子集, $F : X_0 \to 2^V$ 为一个连续的集值映射且对任意的 $x \in X_0$, $F(x)$ 是一个非空的紧子集, 则有

$$\text{Min}_w \bigcup_{x \in X_0} \text{Min}_w F(x) = \text{Min}_w \bigcup_{x \in X_0} F(x).$$

证明　由 F 是一个连续紧值映射且 X_0 是一个紧集, 由引理 6.1.3 得, $\text{Min}_w F(x)$ 在 X_0 上是上半连续的. 再由引理 1.2.3 与引理 1.2.4 得

$$\text{Min}_w \bigcup_{x \in X_0} \text{Min}_w F(x) \neq \varnothing.$$

令 $z \in \text{Min}_w \bigcup_{x \in X_0} \text{Min}_w F(x)$. 如果

$$z \notin \text{Min}_w \bigcup_{x \in X_0} F(x),$$

则存在 $z' \in \bigcup_{x \in X_0} F(x)$ 使得

$$z' \in z - \text{int} S. \tag{6.1}$$

对于 z', 存在 $x' \in X_0$ 使得

$$z' \in F(x').$$

如果 $z' \in \text{Min}_w F(x')$, 由 z 的假设和 (6.1), 得到一个矛盾. 如果 $z' \notin \text{Min}_w F(x')$, 存在 $z'' \in \text{Min}_w F(x')$ 使得

$$z' \in z'' + S. \tag{6.2}$$

由 (6.1) 和 (6.2), 可有

$$z'' \in z - \text{int} S.$$

于是得到矛盾. 因此, 我们可得

$$\text{Min}_w \bigcup_{x \in X_0} \text{Min}_w F(x) \subset \text{Min}_w \bigcup_{x \in X_0} F(x).$$

另一方面, 由 F 是一个连续紧值映射且 X_0 是一个紧集, 以及引理 1.2.3 与引理 1.2.4 可得

$$\text{Min}_w \bigcup_{x \in X_0} F(x) \neq \varnothing.$$

令 $\hat{z} \in \mathrm{Min}_w \bigcup_{x \in X_0} F(x)$, 则有 $x_0 \in X_0$ 使得

$$\hat{z} \in F(x_0) \quad \text{和} \quad \hat{z} \in \mathrm{Min}_w F(x_0).$$

如果 $\hat{z} \notin \mathrm{Min}_w \bigcup_{x \in X_0} \mathrm{Min}_w F(x)$, 则存在 $\tilde{z} \in \bigcup_{x \in X_0} \mathrm{Min}_w F(x) \subset \bigcup_{x \in X_0} F(x)$ 使得

$$\tilde{z} \in \hat{z} - \mathrm{int} S.$$

再由 $\tilde{z}$ 的假设可得矛盾. 所以,

$$\mathrm{Min}_w \bigcup_{x \in X_0} \mathrm{Min}_w F(x) \supset \mathrm{Min}_w \bigcup_{x \in X_0} F(x).$$

于是结论可得.

定理 6.1.1   令 X_0 和 Y_0 分别为 X 和 Y 的两个非空的紧子集, $F : X_0 \times Y_0 \to 2^V$ 为一个非空值的集值映射且 $F(x, y) = f(x, y) + M$, 这里 $f : X_0 \times Y_0 \to R^n$ 是一个向量值映射, M 是 R^n 中的一个固定集合. 如果满足下列假设:

(i) f 是一个连续的向量值映射;

(ii) M 是 R^n 中的一个非空的 S-有界闭子集且 $\mathrm{Min}_w M$ 是一个单点集.
则有

$$\mathrm{Max} \bigcup_{x \in X_0} \mathrm{Min}_w F(x, Y_0) = \mathrm{Max} \bigcup_{x \in X_0} \mathrm{Min}_w f(x, Y_0) + \mathrm{Min}_w M.$$

证明   由引理 6.1.2, 得

$$\mathrm{Max} \bigcup_{x \in X_0} \mathrm{Min}_w F(x, Y_0) \neq \varnothing.$$

再由引理 6.1.4, 得

$$\begin{aligned}
\mathrm{Max} \bigcup_{x \in X_0} \mathrm{Min}_w F(x, Y_0) &= \mathrm{Max} \bigcup_{x \in X_0} \mathrm{Min}_w (f(x, Y_0) + M) \\
&= \mathrm{Max} \bigcup_{x \in X_0} \mathrm{Min}_w (f(x, Y_0) + \mathrm{Min}_w M) \\
&= \mathrm{Max} \Big(\bigcup_{x \in X_0} \mathrm{Min}_w f(x, Y_0) + \mathrm{Min}_w M \Big) \\
&= \mathrm{Max} \bigcup_{x \in X_0} \mathrm{Min}_w f(x, Y_0) + \mathrm{Min}_w M.
\end{aligned}$$

定理得证.

定义 6.1.2   令 X_0 为 X 的一个非空凸子集, $F : X_0 \to 2^V$ 为一个集值映射.

(i) 如果对任意的 $x_1, x_2 \in X_0$ 和 $l \in [0, 1]$, 有

$$F(x_1) \subset F(lx_1 + (1-l)x_2) - S \quad \text{和} \quad F(x_2) \subset F(lx_1 + (1-l)x_2) - S,$$

则称 F 在 X_0 为 (I) 真 S-拟凹的; 若 $-F$ 在 X_0 为 (I) 真 S-拟凹, 则称 F 在 X_0 为 (I) 真 S-拟凸的;

(ii) 如果对任意的 $z \in V$, 下水平集

$$\text{Lev}_F(z) = \{x \in X_0 : F(x) \subset z - S\}$$

是一个凸集, 则称 F 在 X_0 为 (I) S-拟凸的.

注 6.1.1 当 F 退化为一个向量值时, (I) 真 S-拟凹、(I) 真 S-拟凸与 (I)S-拟凸就分别退化为了普通的向量值映射的真 S-拟凹、真 S-拟凸与 S-拟凸的概念.

引理 6.1.5 令 X_0 为 X 的一个非空紧子集, $F : X_0 \to 2^V$ 为一个非空值的集值映射且满足 $F(x) = f(x) + M$. 这里 $f : X_0 \to R^n$ 是一个向量值映射, M 是 R^n 中的一个固定集合.

(i) 如果 f 是在 X_0 为 S-拟凸的, 则 F 在 X_0 上是 (I) 真 S-拟凸的;

(ii) 如果 f 是在 X_0 上是真 S-拟凹的, 则 F 在 X_0 上是 (I) 真 S-拟凹的.

证明 (i) 仅需证明对任意的 $z \in V$ 有

$$\text{Lev}_F(z) = \{x \in X_0 : (f(x) + M) \subset z - S\}$$

是凸集. 令 $x_1, x_2 \in \text{Lev}_F(z)$ 和 $l \in [0,1]$. 由下水平集的定义 $\text{Lev}_F(z)$, 有对任意的 $m \in M$,

$$f(x_1) \in z - m - S \quad \text{和} \quad f(x_2) \in z - m - S.$$

由 f 是在 X_0 为 S-拟凸的与 $z \in V$ 的任意性, 有

$$f(lx_1 + (1 - l)x_2) \in z - m - S.$$

再由 $m \in M$ 的任意性, 有

$$f(lx_1 + (1 - l)x_2) + M \subset z - S.$$

这样,

$$lx_1 + (1 - l)x_2 \in \{x \in X_0 : (f(x) + M) \subset z - S\},$$

即, F 在 X_0 上是 (I) 真 S-拟凸的.

(ii) 由向量值映射真 S-拟凹的定义, 结论立得.

定理 6.1.2 令 X_0 和 Y_0 分别为 X 和 Y 的两个非空的紧凸子集, $F : X_0 \times Y_0 \to 2^V$ 为一个非空值的集值映射且 $F(x,y) = f(x,y) + M$, 这里 $f : X_0 \times Y_0 \to R^n$ 是一个向量值映射, M 是 R^n 中的一个固定集合. 如果满足下列假设:

(i) f 是一个连续的向量值映射且 M 是 R^n 中的一个非空的 S- 有界闭子集;

(ii) 对每一 $x \in X_0$, $f(x, \cdot)$ 在 Y_0 上是真 S-拟凸的;

(iii) 对每一 $y \in Y_0$, $f(\cdot, y)$ 在 X_0 上是 S-凹的;

(iv) 对每一 $x \in X_0$

$$\mathrm{Max} \bigcup\nolimits_{x \in X_0} \mathrm{Min}_w f(x, Y_0) - M \subset F(x, Y_0) + S,$$

则有

$$\mathrm{Max} \bigcup\nolimits_{x \in X_0} \mathrm{Min}_w F(x, Y_0) \subset \mathrm{Min} \bigcup\nolimits_{y \in Y_0} \mathrm{Max}_w F(X_0, y_0) + S. \qquad (6.3)$$

证明　由假设和引理 6.1.2,

$$\mathrm{Max} \bigcup\nolimits_{x \in X_0} \mathrm{Min}_w F(x, Y_0) \neq \varnothing.$$

令 $\beta \in \mathrm{Max} \bigcup_{x \in X_0} \mathrm{Min}_w F(x, Y_0)$. 定义集值映射 $W: X_0 \to 2^{Y_0}$

$$W(x) = \{y \in Y_0 : f(x, y) + M \subset \beta - S\}, \quad x \in X_0.$$

首先, 由假设 (iv) 可知, 对每一个 $x \in X_0$, $W(x)$ 是非空的.

其次, 证明对每一个 $x \in X_0$, $W(x)$ 是一个闭集. 事实上, 因为 f 是连续的, 由引理 6.1.1(ii) 可得, 对每一个 $x \in X_0$, $F(x, \cdot) = f(x, \cdot) + M$ 在 Y_0 是下半连续的. 令网

$$\{y_\alpha : \alpha \in I\} \subset W(x) \quad \text{且} \quad y_\alpha \to y_0.$$

再由 $F(x, \cdot)$ 的下半连续性可知, 对任意的 $z_0 \in F(x, y_0) = f(x, y_0) + M$, 都存在 $z_\alpha \in F(x, y_\alpha) = f(x, y_\alpha) + M$ 使得

$$z_\alpha \to z_0.$$

因为对任意的 α, 有 $y_\alpha \in W(x)$, 所以

$$z_\alpha \in \beta - S.$$

再由锥 S 的闭性可得

$$z_0 \in \beta - S.$$

之后, 由 z_0 的任意性,

$$y_0 \in W(x) = \{y \in Y_0 : f(x, y) + M \subset \beta - S\}.$$

即, 对任意的 $x \in X_0$, $W(x)$ 是一个闭集.

显然, 由条件 (ii) 和引理 6.1.5 知, 对每一个 $x \in X_0$, $W(x)$ 是一个凸集.

现在, 断言对任意的 $x_1, x_2 \in X_0$ 和 $\lambda \in [0, 1]$,

$$W(\lambda x_1 + (1 - \lambda) x_2) \subset W(x_1) \bigcup W(x_2). \qquad (6.4)$$

事实上, 对所有的 $y \in W(\lambda x_1 + (1-\lambda)x_2)$,

$$f(\lambda x_1 + (1-\lambda)x_2, y) + M \subset \beta - S.$$

然后, 由条件 (iii) 和引理 6.1.5 有

$$f(x_1, y) + M \subset \beta - S \quad 或 \quad f(x_2, y) + M \subset \beta - S.$$

因此, (6.4) 成立.

下面证明

$$\bigcap_{x \in X_0} W(x) \neq \varnothing. \tag{6.5}$$

事实上, 因为 Y_0 是紧的, 所以仅需要证明 $\{W(x) : x \in X_0\}$ 满足有限交性质.

首先证明对任意的 $x_1, x_2 \in X_0$,

$$W(x_1) \bigcap W(x_2) \neq \varnothing.$$

假设 $W(x_1) \bigcap W(x_2) = \varnothing$, 则有

$$W(\lambda x_1 + (1-\lambda)x_2) \subset W(x_1) \backslash W(x_2)$$
$$或 \quad W(\lambda x_1 + (1-\lambda)x_2) \subset W(x_2) \backslash W(x_1). \tag{6.6}$$

如果 (6.6) 不成立, 则存在 $y', y'' \in Y_0$ 使得

$$y' \in W(\lambda x_1 + (1-\lambda)x_2) \bigcap W(x_1) \quad 和 \quad y'' \in W(\lambda x_1 + (1-\lambda)x_2) \bigcap W(x_2).$$

由 $W(x)$ 的凸性可知, 对任意的 $\mu \in (0,1)$,

$$\mu y' + (1-\mu)y'' \in W(\lambda x_1 + (1-\lambda)x_2).$$

由假设知, 存在 $\mu_0 \in (0,1)$ 使得

$$\mu_0 y' + (1-\mu_0)y'' \notin W(x_1) \bigcup W(x_2).$$

这与 (6.4) 矛盾. 即 (6.6) 成立.

现在证明, 如果存在 $\lambda_0 \in (0,1)$ 使得

$$W(\lambda_0 x_1 + (1-\lambda_0)x_2) \subset W(x_1),$$

则在 λ_0 的一个邻域内有

$$W(\lambda x_1 + (1-\lambda)x_2) \subset W(x_1),$$

由 (6.6) 得

$$W(\lambda_0 x_1 + (1-\lambda_0)x_2)\bigcap W(x_2) = \varnothing,$$

即

$$f(\lambda_0 x_1 + (1-\lambda_0)x_2, y) + M \not\subset \beta - S, \quad \forall y \in W(x_2).$$

由 F 是下半连续的可知, 对每一个 $y \in W(x_2)$, 都存在 y 的一个邻域 N_y 和 λ_0 的一个邻域 $N_y(\lambda_0)$ 使得

$$f(\lambda x_1 + (1-\lambda)x_2, z) + M \not\subset \beta - S, \quad \forall (\lambda, z) \in N_y(\lambda_0) \times N_y.$$

显然,

$$W(x_2) \subset \bigcup_{y \in G(x_2)} N_y.$$

再由 Y_0 的紧性和 $W(x)$ 的闭性, 存在一个 $W(x_2)$ 中的有限点集 $\{y_1, \cdots, y_n\}$ 使得

$$W(x_2) \subset \bigcup_{i=1}^n N_{y_i}.$$

令 $N(\lambda_0) = \bigcap_{i=1}^n N_{y_i}(\lambda_0)$. 显然, $N(\lambda_0)$ 是 λ_0 的一个邻域且对所有的 $\lambda \in N(\lambda_0)\bigcap(0,1)$,

$$f(\lambda x_1 + (1-\lambda)x_2, y) + M \subset \beta - S, \quad \forall y \in W(x_2).$$

然后,

$$W(\lambda x_1 + (1-\lambda)x_2) \subset W(x_1), \quad \forall \lambda \in N(\lambda_0)\bigcap(0,1).$$

类似地, 如果存在 $\lambda_0 \in (0,1)$ 使得

$$W(\lambda_0 x_1 + (1-\lambda_0)x_2) \subset W(x_2),$$

则在 λ_0 的一个邻域内有

$$W(\lambda x_1 + (1-\lambda)x_2) \subset W(x_2).$$

令

$$T_1 = \{\lambda \in (0,1) : W(\lambda x_1 + (1-\lambda)x_2) \subset W(x_1)\}$$

和

$$T_2 = \{\lambda \in (0,1) : W(\lambda x_1 + (1-\lambda)x_2) \subset W(x_2)\}.$$

由上所述, T_1 和 T_2 是两个开集. 易得

$$T_1\bigcup T_2 = (0,1) \quad 且 \quad T_1\bigcap T_2 = \varnothing.$$

这样, $(0,1)$ 不是一个连通集. 所以假设不成立. 即

$$W(x_1)\bigcap W(x_2)\neq\varnothing.$$

假设对每一个 X_0 中的点集 $\{x_1,\cdots,x_k\}(k\leqslant n)$ 有

$$\bigcap_{i=1}^{k}W(x_i)\neq\varnothing.$$

令 $\{x_1,\cdots,x_{n+1}\}\subset X_0$ 和 $A=\bigcap_{i=3}^{n+1}W(x_i)$. 定义集值映射 W' 如下:

$$W'(x)=W(x)\bigcap A,$$

即

$$W'(x)=\{y\in A:f(x,y)+M\subset\beta-S\},\quad\forall x\in X_0.$$

这样, 由假设可知, 对每一个 $x\in X_0$, $W'(x)$ 是一个非空值的闭凸集.

由 (6.4) 和 W' 的定义知, 对任意的 $x',x''\in X_0$ 和 $\lambda\in[0,1]$,

$$W'(\lambda x'+(1-\lambda)x'')\subset W'(x')\bigcup W'(x'').$$

类似地, 可以获得

$$W'(x')\bigcap W'(x'')\neq\varnothing.$$

这就证明了

$$\bigcap_{i=1}^{n+1}W(x_i)\neq\varnothing.$$

即, (6.5) 成立, 即, 存在 $\bar{y}\in Y_0$ 使得

$$f(x,\bar{y})+M\subset\beta-S,\quad\forall x\in X_0.$$

再由 x 的任意性,

$$\text{Max}_wF(X_0,\bar{y})\subset\beta-S. \tag{6.7}$$

由 (6.7) 和引理 1.1.1 可知,

$$\beta\in\text{Max}_wF(X_0,\bar{y})+S\subset\bigcup_{y\in Y_0}\text{Max}_wF(X_0,y)+S$$

$$\subset\text{Min}\bigcup_{y\in Y_0}\text{Max}_wF(X_0,y)+S+S$$

$$=\text{Min}\bigcup_{y\in Y_0}\text{Max}_wF(X_0,y)+S.$$

因此 (6.3) 成立. 定理得证.

下面, 我们给出例子解释定理 6.1.2.

例 6.1.2 令

$$X = Y = R, \quad V = R^2, \quad X_0 = Y_0 = [0,1], \quad S = \{(x,y) \in R^2 \,|\, x \geqslant 0, y \geqslant 0\}$$

和

$$M = \{(0,y) : -1 \leqslant y \leqslant 1\}.$$

令 $f : [0,1] \times [0,1] \to R^2$ 和 $F : [0,1] \times [0,1] \to 2^{R^2}$,

$$f(x,y) = (x, xy), \quad (x,y) \in [0,1] \times [0,1]$$

和

$$F(x,y) = f(x,y) + M.$$

显然, f 是连续的且 M 是非空的 S-有界闭集. 进一步由 f 的定义可知, $x \in X_0$, $f(x, \cdot)$ 在 Y_0 上是真 S-拟凸和 $y \in Y_0$, $f(\cdot, y)$ 在 X_0 上是 S-凹的. 进一步,

$$\bigcup_{x \in X_0} \mathrm{Min}_w F(x, Y_0) = \{(x,y) : 0 \leqslant x \leqslant 1, -1 \leqslant y \leqslant x-1, \forall x \in [0,1]\}.$$

这样,

$$\mathrm{Max} \bigcup_{x \in X_0} \mathrm{Min}_w F(x, Y_0) = \{(1,2)\}$$

和

$$\mathrm{Max} \bigcup_{x \in X_0} \mathrm{Min}_w F(x, Y_0) - M = \{(1,y) : 1 \leqslant y \leqslant 3\}.$$

对任意的 $x \in X_0$,

$$f(x, Y_0) = \{(x,y) : 0 \leqslant y \leqslant x, \forall x \in [0,1]\}.$$

定理 6.1.2 中的假设 (iv) 成立, 即

$$\mathrm{Max} \bigcup_{x \in X_0} \mathrm{Min}_w f(x, Y_0) - M \subset F(x, Y_0) + S, \quad \forall x \in X_0.$$

这样, 定理 6.1.2 中的结论成立. 事实上, 通过简单计算可得

$$\bigcup_{y \in Y_0} \mathrm{Max}_w F(X_0, y) = \{(1,y) : -1 \leqslant y \leqslant 2\} \bigcup \{(x,1) : 0 \leqslant x \leqslant 1\}.$$

于是,

$$\mathrm{Min} \bigcup_{y \in Y_0} \mathrm{Max}_w F(X_0, y) = \{(0,1)\} \bigcup \{(1,-1)\}.$$

因此,

$$\mathrm{Max} \bigcup_{x \in X_0} \mathrm{Min}_w F(x, Y_0) \subset \mathrm{Min} \bigcup_{y \in Y_0} \mathrm{Max}_w F(X_0, y_0) + S.$$

6.2　一致同阶集值的极大极小定理

本节主要讨论一致同阶集值的极大极小问题.

定义 6.2.1 令 X_0 和 Y_0 分别为 X 和 Y 的两个非空的子集, $F : X_0 \times Y_0 \to 2^V$ 为一个非空值的集值映射. 如果存在 $x_0 \in X_0$ 使得

$$F(x_0, y_0) \subset F(x_0, Y_0) + S \backslash \{0_V\}(\text{int} S),$$

对任意的 $x \in X_0$, 有

$$F(x, y_0) \subset F(x, Y_0) + S \backslash \{0_V\}(\text{int} S),$$

则称 $F(x, y)$ 关于 $y_0 \in Y_0$ 在 X_0 上是 $S(\text{int} S)$-一致同阶的. 如果 $F(x, y)$ 关于任意的 $y_0 \in Y_0$ 在 X_0 上是 $S(\text{int} S)$-一致同阶的, 则称 $F(x, y)$ 在 X_0 上是 $S(\text{int} S)$-一致同阶的. 类似地, 可以定义 $F(x, y)$ 在 Y_0 上是 $S(\text{int} S)$-一致同阶的.

下面举例说明这一定义的合理性.

例 6.2.1 令 $V = R^2, S = R_+^2, X_0 = \{(x_1, x_2) | 1 \leqslant x_i \leqslant 2 (i = 1, 2)\} \subset R^2$,

$$Y_0 = \{(y_1, y_2) | 1 \leqslant y_i \leqslant 2 (i = 1, 2)\} \subset R^2$$

且

$$M = \{(u, v) | u^2 + v^2 \leqslant 1\}.$$

定义向量值映射 f 和集值映射 F 如下:

$$f(x, y) = (x_1 y_1, x_2 y_2)$$

和

$$F(x, y) = f(x, y) + M.$$

通过定义容易证明 F 在 $X_0 \times Y_0$ 上是 $S(\text{int} S)$-一致同阶的.

注 6.2.1 令 u 和 v 为两个向量值映射, M 为 V 中的一个非空子集. 显然, 这类集值映射 $F(x, y) = u(x) + v(y) + M$ 一定是在 X_0 和 Y_0 上 $S(\text{int} S)$-一致同阶的.

注 6.2.2 在文献 [40] 中, 作者也给出了一个向量值映射 f 的 S-一致同阶的定义. 当 F 退化为一个集值映射时, 即 $F \equiv f$, 定义 6.2.1 比文献 [40] 中的定义 2.1 更弱. 事实上, 如果存在 $x_0 \in X_0$ 使得

$$f(x_0, y) \in f(x_0, Y_0) + S \backslash \{0_V\}, \quad \forall y \in Y_0.$$

则存在 $\bar{y} \in Y_0$ 使得

$$f(x_0, y) \in f(x_0, \bar{y}) + S \backslash \{0_V\}, \quad \forall y \in Y_0.$$

再由文献 [40] 中定义 2.1 得, 对任意的 $x \in X_0$,

$$f(x, y) \in f(x, \bar{y}) + S \backslash \{0_V\}, \quad \forall y \in Y_0.$$

自然地, 对任意的 $x \in X_0$,

$$f(x, y) \in f(x, Y_0) + S \backslash \{0_V\}, \quad \forall y \in Y_0.$$

因此, 如果 f 在 X_0 上 S-一致同阶的 (满足文献 [40] 中的定义 2.1), 则 f 也满足定义 6.2.1. 然而, 反之则不然. 下面的例子说明了这一情况.

例 6.2.2　令 $X_0 = [1, 2] \subset R$, $Y_0 = [0, 1] \subset R$, $V = R^2$ 且 $S = R_+^2$. 定义一个向量值映射 $f : X_0 \times Y_0 \to V$

$$f(x, y) = \begin{cases} (1, -4), & x = 1, y \in (0, 1], \\ (x^2, -x^2 y), & \text{其他}, \end{cases}$$

显然, $f(x, y)$ 在 Y_0 上是 S- 一致同阶的 (满足定义 6.2.1). 然而, $f(x, y)$ 在 Y_0 上不是 S-一致同阶的 (满足文献 [40] 中的定义 2.1). 事实上, 令 $y_0 = 0, x_1 = 2$ 和 $x_2 = \dfrac{3}{2}$. 通过直接计算得

$$f(x_1, y_0) - f(x_2, y_0) = (4, 0) - \left(\frac{9}{4}, 0\right) = \left(\frac{7}{4}, 0\right) \in S \backslash \{0_{R^2}\},$$

且对任意的 $y \in (0, 1]$,

$$f(x_1, y) - f(x_2, y) = (4, -4y) - \left(\frac{9}{4}, -\frac{9}{4} y\right) = \left(\frac{7}{4}, -\frac{7}{4} y\right) \notin S \backslash \{0_{R^2}\}.$$

引理 6.2.1　令 X_0 和 Y_0 分别为 X 和 Y 的两个非空的子集, $F : X_0 \times Y_0 \to 2^V$ 为一个非空值的集值映射.

(i) 如果 $F(x, y)$ 在 X_0 上是 S-一致同阶的且 $F(\hat{x}, \hat{y}) \bigcap \operatorname{Min} F(\hat{x}, Y_0) \neq \varnothing$, 则对任意的 $x \in X_0$,

$$F(x, \hat{y}) \bigcap \operatorname{Min} F(x, Y_0) \neq \varnothing;$$

(ii) 如果 $-F(x, y)$ 在 Y_0 上是 S-一致同阶的且 $F(\hat{x}, \hat{y}) \bigcap \operatorname{Max} F(X_0, \hat{y}) \neq \varnothing$, 则对任意的 $y \in Y_0$,

$$F(\hat{x}, y) \bigcap \operatorname{Max} F(X_0, y) \neq \varnothing.$$

证明　(i) 令 $z \in F(\hat{x}, \hat{y}) \bigcap \operatorname{Min} F(\hat{x}, Y_0)$. 如果存在 $\bar{x} \in X_0$ 使得

$$F(\bar{x}, \hat{y}) \bigcap \operatorname{Min} F(\bar{x}, Y_0) = \varnothing. \tag{6.8}$$

则通过 (6.8) 可得, 对所有的 $\bar{z} \in F(\bar{x}, \hat{y})$,

$$\bar{z} \notin \mathrm{Min} F(\bar{x}, Y_0).$$

这样, 存在 $z' \in F(\bar{x}, Y_0)$ 使得

$$\bar{z} \in z' + S \backslash \{0_V\}.$$

因为 $F(x, y)$ 在 X_0 上是 S-一致同阶的, 所以

$$F(\hat{x}, \hat{y}) \subset F(\hat{x}, Y_0) + S \backslash \{0_V\}. \tag{6.9}$$

对上述 $z \in F(\hat{x}, \hat{y})$, 通过 (6.9) 可知, 存在 $\hat{z} \in F(\hat{x}, Y_0)$ 使得

$$z \in \hat{z} + S \backslash \{0_V\}.$$

这就与 $z \in \mathrm{Min} F(\hat{x}, Y_0)$ 矛盾.

(ii) 令 $z \in F(\hat{x}, \hat{y}) \bigcap \mathrm{Max} F(X_0, \hat{y})$. 如果存在 $\bar{y} \in Y_0$ 使得

$$F(\hat{x}, \bar{y}) \bigcap \mathrm{Max} F(X_0, \bar{y}) = \varnothing. \tag{6.10}$$

由 (6.10) 得, 对所有的 $\bar{z} \in F(\hat{x}, \bar{y})$,

$$\bar{z} \notin \mathrm{Max} F(X_0, \bar{y}).$$

这样, 存在 $z' \in F(X_0, \bar{y})$ 使得

$$\bar{z} \in z' - S \backslash \{0_V\}.$$

因为 $-F(x, y)$ 在 Y_0 上是 S-一致同阶的, 所以

$$F(\hat{x}, \hat{y}) \subset F(X_0, \hat{y}) - S \backslash \{0_V\}. \tag{6.11}$$

同样, 对上述的 $z \in F(\hat{x}, \hat{y})$, 再由 (6.11) 可得, 存在 $\hat{z} \in F(X_0, \hat{y})$ 使得

$$z \in \hat{z} - S \backslash \{0_V\}.$$

这就与 $z \in \mathrm{Max}\, F(X_0, \hat{y})$ 矛盾了. 引理得证.

对于弱有效解, 也有此类似的结论.

引理 6.2.2　令 X_0 和 Y_0 分别为 X 和 Y 的两个非空的子集, $F : X_0 \times Y_0 \to 2^V$ 为一个非空值的集值映射.

(i) 如果 $F(x,y)$ 在 X_0 上是 int$S$-一致同阶的且 $F(\hat{x},\hat{y}) \bigcap \mathrm{Min}_w F(\hat{x}, Y_0) \neq \varnothing$, 则对任意的 $x \in X_0$,

$$F(x,\hat{y}) \bigcap \mathrm{Min}_w F(x, Y_0) \neq \varnothing;$$

(ii) 如果 $-F(x,y)$ 在 Y_0 上是 int$S$-一致同阶的且 $F(\hat{x},\hat{y}) \bigcap \mathrm{Max}_w F(X_0, \hat{y}) \neq \varnothing$, 则对任意的 $y \in Y_0$,

$$F(\hat{x},y) \bigcap \mathrm{Max}_w F(X_0, y) \neq \varnothing.$$

证明　(i) 令 $z \in F(\hat{x},\hat{y}) \bigcap \mathrm{Min}_w F(\hat{x}, Y_0)$. 如果存在 $\bar{x} \in X_0$ 使得

$$F(\bar{x},\hat{y}) \bigcap \mathrm{Min}_w F(\hat{x}, Y_0) = \varnothing. \tag{6.12}$$

通过 (6.12) 可得, 对所有的 $\bar{z} \in F(\bar{x},\hat{y})$,

$$\bar{z} \notin \mathrm{Min}_w F(\bar{x}, Y_0).$$

这样, 存在 $z' \in F(\bar{x}, Y_0)$ 使得

$$\bar{z} \in z' + \mathrm{int}S.$$

因为 $F(x,y)$ 在 X_0 上是 int$S$-一致同阶的, 所以

$$F(\hat{x},\hat{y}) \subset F(\hat{x}, Y_0) + \mathrm{int}S. \tag{6.13}$$

对上述 $z \in F(\hat{x},\hat{y})$, 通过 (6.13) 可知, 存在 $\hat{z} \in F(\hat{x}, Y_0)$ 使得

$$z \in \hat{z} + \mathrm{int}S.$$

这就与 $z \in \mathrm{Min}_w F(\hat{x}, Y_0)$ 矛盾.

(ii) 令 $z \in F(\hat{x},\hat{y}) \bigcap \mathrm{Max}_w F(X_0, \hat{y})$. 如果存在 $\bar{y} \in Y_0$ 使得

$$F(\hat{x},\bar{y}) \bigcap \mathrm{Max}_w F(X_0, \bar{y}) = \varnothing. \tag{6.14}$$

由 (6.14) 得, 对所有的 $\bar{z} \in F(\hat{x},\bar{y})$,

$$\bar{z} \notin \mathrm{Max}_w F(X_0, \bar{y}).$$

这样, 存在 $z' \in F(X_0, \bar{y})$ 使得

$$\bar{z} \in z' - \mathrm{int}S.$$

因为 $-F(x,y)$ 在 Y_0 上是 int$S$-一致同阶的, 所以

$$F(\hat{x},\hat{y}) \subset F(X_0, \hat{y}) - \mathrm{int}S. \tag{6.15}$$

同样, 对上述的 $z \in F(\hat{x}, \hat{y})$, 再由 (6.15) 可得, 存在 $\hat{z} \in F(X_0, \hat{y})$ 使得

$$z \in \hat{z} - \text{int} S.$$

这就与 $z \in \text{Max}_w F(X_0, \hat{y})$ 矛盾了. 引理得证.

为了描述一致同阶集值映射的 (弱) 锥松鞍点集的结构, 引入下列符号:

$$A = \{y \in Y_0 | F(x, y) \bigcap \text{Min} F(x, Y_0) \neq \varnothing, \forall x \in X_0\};$$
$$B = \{x \in X_0 | F(x, y) \bigcap \text{Max} F(X_0, y) \neq \varnothing, \forall y \in Y_0\};$$
$$A_w = \{y \in Y_0 | F(x, y) \bigcap \text{Min}_w F(x, Y_0) \neq \varnothing, \forall x \in X_0\};$$
$$B_w = \{x \in X_0 | F(x, y) \bigcap \text{Max}_w F(X_0, y) \neq \varnothing, \forall y \in Y_0\}.$$

除此之外, 记 SP 为一致同阶集值映射 F 的锥松鞍点集和 SP_w 为一致同阶集值映射 F 的弱锥松鞍点集.

定理 6.2.1 令 X_0 和 Y_0 分别为 X 和 Y 的两个非空的紧子集, $F: X_0 \times Y_0 \rightarrow 2^V$ 为一个非空值的集值映射且满足下列假设:

(i) F 是上半连续的且有非空集值;

(ii) F 在 X_0 上是 S-一致同阶的;

(iii) $-F$ 在 Y_0 上是 S-一致同阶的.

则至少存在一个 F 的 S-松鞍点且

$$\text{SP} = B \times A.$$

证明 首先, 证明 $A \neq \varnothing$ 和 $B \neq \varnothing$.

因为 $F(x_0, \cdot)$ 是上半连续的且紧值的, Y_0 是紧的, 所以

$$\text{Min} F(x_0, Y_0) \neq \varnothing.$$

令 $z_0 \in \text{Min} F(x_0, Y_0)$. 然后, 存在 $y_0 \in Y_0$ 使得

$$z_0 \in F(x_0, y_0).$$

这样,

$$F(x_0, y_0) \bigcap \text{Min} F(x_0, Y_0) \neq \varnothing.$$

由假设 (ii) 和引理 6.2.1 得, 首先, 证明 $A \neq \varnothing$ 和 $B \neq \varnothing$. 因为 $F(x_0, \cdot)$ 是上半连续的且紧值的和 Y_0 是紧的, 所以

$$\text{Min} F(x_0, Y_0) \neq \varnothing.$$

令 $z_0 \in \mathrm{Min}\, F(x_0, Y_0)$. 然后, 存在 $y_0 \in Y_0$ 使得

$$z_0 \in F(x_0, y_0).$$

这样,

$$F(x_0, y_0) \bigcap \mathrm{Min}\, F(x_0, Y_0) \neq \varnothing.$$

因此, $y_0 \in A$ 和 $A \neq \varnothing$. 类似地, 可证 $B \neq \varnothing$.

　　下面证明 $\mathrm{SP} = B \times A$. 显然有, $B \times A \subset \mathrm{SP}$. 令 $(x_0, y_0) \in \mathrm{SP}$. 然后,

$$F(x_0, y_0) \bigcap \mathrm{Min}\, F(x_0, Y_0) \neq \varnothing$$

和

$$F(x_0, y_0) \bigcap \mathrm{Max}\, F(X_0, y_0) \neq \varnothing.$$

因此, 由假设 (ii) 和 (iii) 以及引理 6.2.1 知, 对所有的 $x \in X_0$,

$$F(x, y_0) \bigcap \mathrm{Min}\, F(x, Y_0) \neq \varnothing;$$

对所有的 $y \in Y_0$,

$$F(x_0, y) \bigcap \mathrm{Max}\, F(X_0, y) \neq \varnothing.$$

从而, $y_0 \in A$ 和 $x_0 \in B$; 也就是 $\mathrm{SP} \subset B \times A$. 因此,

$$\mathrm{SP} = B \times A \neq \varnothing.$$

定理得证.

　　注 6.2.3　在文献 [3], [11], [12], [41] 中, 通过应用一些不动点定理和标量化函数, 可以得到一些集值映射的锥松鞍点定理. 但是, 定理 6.2.1 的证明方法与相应文献的定理的证明方法是不同的.

　　对于弱有效解, 也有此类似的结论.

　　定理 6.2.2　令 X_0 和 Y_0 分别为 X 和 Y 的两个非空的紧子集, $F : X_0 \times Y_0 \to 2^V$ 为一个非空值的集值映射且满足下列假设:

　　(i) F 是上半连续的且有非空集值;

　　(ii) F 在 X_0 上是 $\mathrm{int}S$-一致同阶的;

　　(iii) $-F$ 在 Y_0 上是 $\mathrm{int}S$-一致同阶的.

则至少存在一个 F 的弱 S-松鞍点且

$$\mathrm{SP}_w = B_w \times A_w.$$

　　证明　首先, 证明 $A_w \neq \varnothing$ 和 $B_w \neq \varnothing$.

因为 $F(x_0, \cdot)$ 是上半连续的且紧值的, Y_0 是紧的, 所以

$$\mathrm{Min}_w F(x_0, Y_0) \neq \varnothing.$$

令 $z_0 \in \mathrm{Min}_w F(x_0, Y_0)$. 然后, 存在 $y_0 \in Y_0$ 使得

$$z_0 \in F(x_0, y_0).$$

这样,

$$F(x_0, y_0) \bigcap \mathrm{Min}_w F(x_0, Y_0) \neq \varnothing.$$

由假设 (ii) 和引理 6.2.1 得, 首先, 证明 $A_w \neq \varnothing$ 和 $B_w \neq \varnothing$. 因为 $F(x_0, \cdot)$ 是上半连续的且紧值的和 Y_0 是紧的, 所以

$$\mathrm{Min}_w F(x_0, Y_0) \neq \varnothing.$$

令 $z_0 \in \mathrm{Min}_w F(x_0, Y_0)$. 然后, 存在 $y_0 \in Y_0$ 使得

$$z_0 \in F(x_0, y_0).$$

这样,

$$F(x_0, y_0) \bigcap \mathrm{Min}_w F(x_0, Y_0) \neq \varnothing.$$

因此, $y_0 \in A_w$ 和 $A_w \neq \varnothing$. 类似地, 可证 $B_w \neq \varnothing$.

下面证明 $\mathrm{SP}_w = B_w \times A_w$. 显然有 $B_w \times A_w \subset \mathrm{SP}_w$. 令 $(x_0, y_0) \in \mathrm{SP}_w$. 然后,

$$F(x_0, y_0) \bigcap \mathrm{Min}_w F(x_0, Y_0) \neq \varnothing$$

和

$$F(x_0, y_0) \bigcap \mathrm{Max}_w F(X_0, y_0) \neq \varnothing.$$

因此, 由假设 (ii) 和 (iii) 以及引理 6.2.1 知, 对所有的 $x \in X_0$,

$$F(x, y_0) \bigcap \mathrm{Min}_w F(x, Y_0) \neq \varnothing;$$

对所有的 $y \in Y_0$,

$$F(x_0, y) \bigcap \mathrm{Max}_w F(X_0, y) \neq \varnothing.$$

从而, $y_0 \in A_w$ 和 $x_0 \in B_w$; 也就是 $\mathrm{SP}_w \subset B_w \times A_w$.

因此,

$$\mathrm{SP}_w = B_w \times A_w \neq \varnothing.$$

定理得证.

定理 6.2.3　令 X_0 和 Y_0 分别为 X 和 Y 的两个非空的紧子集, $F : X_0 \times Y_0 \to 2^V$ 为一个非空值的集值映射且满足下列假设:

(i) F 是连续的且有非空集值;

(ii) F 在 X_0 上是 int$S$-一致同阶的;

(iii) $-F$ 在 Y_0 上是 int$S$-一致同阶的.

则至少 $(\bar{x}, \bar{y}) \in X_0 \times Y_0$ 使得

$$F(\bar{x}, \bar{y}) \bigcap (\text{Max} \bigcup_{x \in X_0} \text{Min}_w F(x, Y_0) - S) \neq \varnothing$$

和

$$F(\bar{x}, \bar{y}) \bigcap (\text{Min} \bigcup_{y \in Y_0} \text{Max}_w F(X_0, y) + S) \neq \varnothing.$$

证明　由假设和引理引理 1.1.1、引理 1.2.3、引理 1.2.4 得

$$\text{Min} \bigcup_{y \in Y_0} \text{Max}_w F(X_0, y) \neq \varnothing \quad \text{和} \quad \text{Max} \bigcup_{x \in X_0} \text{Min}_w F(x, Y_0) \neq \varnothing.$$

由定理 6.2.2 得, 存在 $(\bar{x}, \bar{y}) \in X_0 \times Y_0$ 使得

$$F(\bar{x}, \bar{y}) \bigcap \text{Min}_w F(\bar{x}, Y_0) \neq \varnothing \quad \text{和} \quad F(\bar{x}, \bar{y}) \bigcap \text{Max}_w F(X_0, \bar{y}) \neq \varnothing.$$

然后,

$$F(\bar{x}, \bar{y}) \bigcap (\bigcup_{x \in X_0} \text{Min}_w F(x, Y_0)) \neq \varnothing \quad \text{和} \quad F(\bar{x}, \bar{y}) \bigcap (\bigcup_{y \in Y_0} \text{Max}_w F(X_0, y)) \neq \varnothing.$$

由引理 1.1.1 得

$$F(\bar{x}, \bar{y}) \bigcap (\text{Max} \bigcup_{x \in X_0} \text{Min}_w F(x, Y_0) - S) \neq \varnothing$$

和

$$F(\bar{x}, \bar{y}) \bigcap (\text{Min} \bigcup_{y \in Y_0} \text{Max}_w F(X_0, y) + S) \neq \varnothing.$$

定理得证.

注 6.2.4　当 F 退化为一个实值函数且 $S = R_+$ 时, 定理 6.2.3 的相应结论就退化为

$$\min \bigcup_{y \in Y_0} \max F(X_0, y) \leqslant \max \bigcup_{x \in X_0} \min F(x, Y_0),$$

即

$$\min \bigcup_{y \in Y_0} \max F(X_0, y) = \max \bigcup_{x \in X_0} \min F(x, Y_0).$$

所以, 定理 6.2.3 是实值函数极大极小定理的一个推广.

在这一节的后面, 总是假设 X, Y, V 为有限维空间 R^n 且 S 为 R^n 中的一个尖闭凸锥, int$S \neq \varnothing$.

下面, 我们来讨论集值映射 $F(x,y) = u(x) + v(y) + M$ 的锥松鞍点定理和极大极小定理. 这里 u 和 v 为两个向量值映射和 M 为一个固定的集合.

同样, 为了描述上面集值映射 $F(x,y) = u(x) + v(y) + M$ 的弱锥松鞍点集, 引入下列符号:

$$A'_w = \{y \in Y_0 | (v(y) + M) \bigcap \mathrm{Min}_w(v(Y_0) + M) \neq \varnothing\};$$

$$B'_w = \{x \in X_0 | (u(x) + M) \bigcap \mathrm{Max}_w(u(X_0) + M) \neq \varnothing\}.$$

除此之外, 记 SP'_w 为上述特殊集值映射的锥松鞍点集.

定理 6.2.4 令 X_0 和 Y_0 分别为 X 和 Y 的两个非空的紧子集, $F : X_0 \times Y_0 \to 2^{R^n}, F(x,y) = u(x) + v(y) + M$ 为一个非空值的集值映射且满足下列假设:

(i) u 和 v 为两个连续的向量值映射;

(ii) M 为 R^n 中的非空 S-有界闭子集.

则至少存在一个 F 的弱 S-松鞍点且

$$\mathrm{SP}'_w = B'_w \times A'_w.$$

证明 因为 M 是 R^n 中的非空 S-有界闭子集, 所以 M 是 R^n 中的紧子集. 通过引理 6.2.3 和定理 6.2.2, 结论立得.

注 6.2.5 当 $M = \{0_{R^n}\}$, 定理 6.2.4 就退化为文献 [17] 中的相应的结论.

通过定理 6.2.4, 易得下面的结论.

定理 6.2.5 令 X_0 和 Y_0 分别为 X 和 Y 的两个非空的紧子集, $F : X_0 \times Y_0 \to 2^{R^n}, F(x,y) = u(x) + v(y) + M$ 为一个非空值的集值映射且满足下列假设:

(i) u 和 v 为两个连续的向量值映射;

(ii) M 为 R^n 中的非空 S-有界闭子集.

则存在 $(\bar{x}, \bar{y}) \in X_0 \times Y_0$ 使得

$$(u(\bar{x}) + v(\bar{y}) + M) \bigcap (\mathrm{Max} \bigcup_{x \in X_0} \mathrm{Min}_w F(x, Y_0) - S) \neq \varnothing$$

和

$$(u(\bar{x}) + v(\bar{y}) + M) \bigcap (\mathrm{Min} \bigcup_{y \in Y_0} \mathrm{Max}_w F(X_0, y) + S) \neq \varnothing.$$

注 6.2.6 当 $M = \{0_{R^n}\}$, 定理 6.2.5 就退化为下列结论:

$$\exists z_1 \in \mathrm{Min} \bigcup_{y \in Y_0} \mathrm{Max}_w F(X_0, y) \quad \text{且} \quad \exists z_2 \in \mathrm{Max} \bigcup_{x \in X_0} \mathrm{Min}_w F(x, Y_0)$$

使得

$$z_1 \in z_2 - S.$$

6.3   本 章 小 结

本章主要研究了一类特殊集值映射在向量优化和集优化不同准则下的极大极小定理和鞍点问题. 在下列点序关系, 即

$$x \leqslant_S y :\Leftrightarrow x \in y - S, \quad \forall x, y \in V$$

下, 建立了以下两类特殊集值映射的极大极小定理和鞍点定理:

(i) $F(x, y) = f(x, y) + M$,

(ii) $F(x, y) = u(x) + v(y) + M$,

其中, f, u, v 为向量值映射 (实值映射), M 为一个固定的集合.

针对特殊映射, 本章分别讨论了其连续性与凸凹性的特殊性质, 以及映射本身的特殊性质, 利用上述映射的特殊性质, 建立了其特殊假设下的极大极小定理与锥松鞍点定理.

第 7 章　集优化的集值极大极小定理

集值映射有两个优化准则: 分为多目标优化准则和集优化准则. 多目标优化准则是在点序关系下得到的一种优化准则, 而集优化准则是在集合序下得到的一种优化准则. 在不同情况下, 两个优化准则都有着各自不同的意义. 比如: 田径中掷铅球比赛, 不是每一人只投一次来决定胜负. 而是每一人有三次投掷机会, 取其中投掷最远那次为最终结果, 从而来决定胜负. 此类问题适用于多目标优化准则. 然而, 体育运动的团体比赛项目 (足球比赛、篮球比赛等等) 不是通过这支球队中个人的表现来决定胜负, 而是通过整体的表现来决定的. 这类问题就不太适合用多目标优化准则, 更适合用集优化准则.

自从1999年集优化的思想提出以后, 越来越多的学者研究此问题. Hernández 等 [42,43] 利用 Zorn 引理和 Hahn–Banach 延拓定理, 在合理的假设下, 得到了集优化意义下的集值优化问题的解的存在性定理. Ha[44] 首次在集优化意义下, 建立了一个 Ekeland 变分原理. Bednarczuk 等 [45] 利用一个新的集优化准则下的 Ekeland 变分原理和变形引理, 首次建立了一个向量情形下的山路引理, 其极大极小准则为内层是一个集优化准则, 而外层是一个向量优化准则. Jahn 和 Ha[46] 首次引入了一些在集优化意义下的集合序、集值映射的半连续和集族的半紧的概念, 之后, 又在这些概念的框架下, 得到了相应集优化准则下的存在性定理. 到目前为止, 关于集优化的基本概念还不是很完善. 例如: 还没有集值映射对应的一个最大值 (最小值) 映射的连续性概念. 这其实为一个点到一个集族的连续性概念. 由于这些基本概念还没有给出, 所以讨论一般集值映射的集优化准则下的极大极小问题是非常困难的. 由上述可知, 集优化准则的集值映射的极大极小定理在相应的拉格朗日对偶理论和向量情形的山路引理中有着非常重要的应用. 除此之外, 通过集优化意义下的集值映射的极大极小定理, 可以得到新的博弈和决策准则. 所以研究集优化准则下的集值映射的极大极小问题是很有必要的.

本章皆在讨论集优化准则下的集值极大极小定理. 首先, 在集优化准则下, 引入集值一致同阶的映射概念, 研究其特殊的性质, 利用其特殊性质讨论集优化意义下的集值极大极小定理和鞍点定理. 其次, 对于广义集值映射, 讨论集优化意义下的极大极小定理与锥鞍点定理之间的等价关系. 最后, 通过讨论研究一致同阶的特殊情况, 寻找向量优化准则与集优化准则集值极大极小问题的联系与差异.

7.1　集优化的基本概念

本节主要介绍一下在本章中所使用的一些关于集优化的基本概念, 并给出一些相应的性质.

令 Θ 为空间 Z 中的一个任意的非空集且 S 为空间 Z 中的一个凸锥.

定义 7.1.1　任意选择 $A, B, C \in \Theta$.

(i) 如果 $A \preceq A$, 则称二元关系是自反的;

(ii) 如果 $A \preceq B$ 和 $B \preceq C$ 可推出 $A \preceq C$, 则称二元关系是传递的;

(iii) 如果 $A \preceq B$ 和 $B \preceq A$ 可推出 $A = B$, 则称二元关系是反对称的.

定义 7.1.2　(i) 如果二元关系 $\preceq$ 是自反的和传递的, 则称此二元关系为一个预序;

(ii) 如果二元关系 $\preceq$ 是自反的、传递的和反对称的, 则称此二元关系为一个偏序.

下面, 引进几种常见的集合序.

定义 7.1.3 [46]　任意选择 $A, B \in \Theta$.

(i) $A \preceq_s B :\Leftrightarrow A \subset B - S$ 和 $B \subset A + S$;

(ii) $A \preceq_l B :\Leftrightarrow B \subset A + S$;

(iii) $A \preceq_u B :\Leftrightarrow A \subset B - S$;

(iv) $A \preceq_c B :\Leftrightarrow (A = B)$ 或 $(A \neq B, B - A \subset S)$;

(v) $A \preceq_p B :\Leftrightarrow A \bigcap (B - S) \neq \varnothing$;

(vi) $A \ll_s B :\Leftrightarrow A \subset B - \mathrm{int} S$ 和 $B \subset A + \mathrm{int} S$.

注 7.1.1　(i) 序关系 $\preceq_s, \preceq_l, \preceq_u$ 是预序. 但一般来说, 它们都不是反对称的;

(ii) 序关系 $\preceq_c$ 是一个预序. 更多地, 如果凸锥 S 是一个尖锥 $(S \bigcap (-S) = \{0_z\})$, 那么 $\preceq_c$ 一个偏序.

(iii) 序关系 $\preceq_p$ 是自反的. 但一般来说, 它都不是传递和反对称的.

定义 7.1.4 [46]　任意选择 $A, B \in \Theta$. 在 Θ 中定义下列关于预序 $\preceq$ 的一个关系,

$$A \sim B :\Leftrightarrow A \preceq B \text{和} B \preceq A.$$

记 $[A]$ 为集合 A 关于一个预序 $\preceq$ 的等价类. 记

$$\bar{\Theta} := \{[A] \,|\, A \in \Theta\}.$$

定义 7.1.5 [46]　任意选择 $[A], [B] \in \bar{\Theta}$. 定义如下关于预序 $\preceq$ 的二元关系 $\preceq$,

$$[A] \preceq [B] : A \preceq B \text{和} B \npreceq A \quad (A \preceq B \text{和} [A] \neq [B]).$$

定义 7.1.6 [46]　假设集合序 $\preceq$ 为一个预序. 令 $\mathbb{Q}$ 为 Θ 中的一个非空集.

(i) 如果 $B \in \mathbb{Q}$ 和 $B \preceq A$ 可推出 $A \preceq B$, 则称 A 为 $\mathbb{Q}$ 中的一个极小集. $\mathbb{Q}$ 中所有极小集组成的集合记为 $\mathrm{Min}\mathbb{Q}$;

(ii) 如果 $B \in \mathbb{Q}$ 和 $B \ll A$ 可推出 $A \ll B$, 则称 A 为 $\mathbb{Q}$ 中的一个弱极小集. $\mathbb{Q}$ 中所有弱极小集组成的集合记为 $\mathrm{Min}_w\mathbb{Q}$;

(iii) 如果 $B \in \mathbb{Q}$ 和 $A \preceq B$ 可推出 $B \preceq A$, 则称 A 为 $\mathbb{Q}$ 中的一个极大集. $\mathbb{Q}$ 中所有极大集组成的集合记为 $\mathbf{Max}\mathbb{Q}$;

(iv) 如果 $B \in \mathbb{Q}$ 和 $A \ll B$ 可推出 $B \ll A$, 则称 A 为 $\mathbb{Q}$ 中的一个弱极大集. $\mathbb{Q}$ 中所有极大集组成的集合记为 $\mathbf{Max}_w\mathbb{Q}$.

注 7.1.2　当集合序关系 $\preceq$ 是一个偏序时, 即, $A = [A]$. 如果对任何 $B \in A, A \neq B$, 有 $B \npreceq A$, 则 A 为 $\mathbb{Q}$ 的一个极小集. 同理, 如果对任何 $B \in A, A \neq B$, 有 $A \npreceq B$, 则 A 为 $\mathbb{Q}$ 的一个极大集.

由上面的定义, 可立刻得到下面的引理.

引理 7.1.1　假设集合序关系为一个预序. 令 $A \in \mathbb{Q}$. 则下列结论是等价的:

(i) A 不是一个 $\mathbb{Q}$ 的一个极小 (大) 集;

(ii) 存在 $B \in \mathbb{Q}$ 使得 $[B] \prec [A]([A] \prec [B])$;

(iii) 存在 $B \in \mathbb{Q}$ 使得 $B \preceq A$ 和 $B \notin [A](A \preceq B$ 和 $B \notin [A])$.

令

$$\mathrm{Max}_w A = \left\{ a \,\middle|\, (a + \mathrm{int}S)\bigcap A = \varnothing \right\} \quad 和 \quad \mathrm{Min}_w A = \left\{ a \,\middle|\, (a - \mathrm{int}S)\bigcap A = \varnothing \right\}$$

容易得下面的引理成立.

引理 7.1.2　令 $A \in \mathbb{Q}$ 使得 $\mathrm{Min}_w A \neq \varnothing$(或者 $\mathrm{Max}_w A \neq \varnothing$). 则下面的两个命题等价:

(i) A 是 $\mathbb{Q}$ 中关于集合序 $\preceq_s$ 的一个弱极小 (大) 集;

(ii) 存在 $B \in \mathbb{Q}$ 使得 $B \ll_s A(A \ll_s B)$.

定义 7.1.7 [46]　令 $A \in \Theta$ 为一个非空集. 如果一个集族 $\{V_\alpha | V_\alpha \subset \Theta, \alpha \in I\}$ 满足

$$A \subset \bigcup_{\alpha \in I} V_\alpha,$$

则称这个集族为集合 A 的一个覆盖.

定义 7.1.8 [46]　假设集合序 $\preceq$ 为一个预序. 令 $A \in \Theta$ 为一个非空集. 如果对任意的 A 的这一形式的覆盖 $\{V_\alpha | \alpha \in I\}$ 都有限子覆盖, 那么称 A 关于集序 $\preceq$ 是上半紧的 (下半紧的). 这里 $V_\alpha = \{U \in \Theta | U \npreceq A_\alpha\}$ $(V_\alpha = \{U \in \Theta | U \npreceq A_\alpha\}), A_\alpha \in A, \forall \alpha \in I$.

下令 X 为一个拓扑空间.

定义 7.1.9 [46]　假设集合序 $\preceq$ 为一个预序. 令 $F : X \to 2^Z$ 为一个集值映射.

(i) 如果对任意的 $V \in \Theta$ 和 $F(\bar{x}) \not\preceq V$, 都存在 $\bar{x}$ 的一个邻域 U 使得

$$F(x) \not\preceq V, \quad \forall x \in U,$$

则称 F 关于集合序 $\preceq$ 在 $\bar{x} \in X$ 处是下半连续的;

(ii) 如果对任意的 $V \in \Theta$ 和 $F(\bar{x}) \not\succeq V$, 都存在 $\bar{x}$ 的一个邻域 U 使得

$$F(x) \not\succeq V, \quad \forall x \in U,$$

则称 F 关于集合序 $\preceq$ 在 $\bar{x} \in X$ 处是上半连续的;

(iii) 如果 F 关于集合序 $\preceq$ 在每一个点 $\bar{x} \in X$ 都是下 (上) 半连续的, 则称 F 关于集合序 $\preceq$ 在 X 上是下 (上) 半连续的.

引理 7.1.3　假设集合序 $\preceq$ 为一个预序. 令 $F : X \to 2^Z$ 为一个集值映射. 下面的两个命题等价:

(i) F 关于集合序 $\preceq$ 在 X 上是下半连续的;

(ii) 对任意的 $V \in \Theta$, 水平集

$$L_{\preceq}(F; V) := \{x \in X | F(x) \preceq V\}$$

是闭的.

证明　假设对任意的 $V \in \Theta$,

$$L_{\preceq}(F; V) = \{x \in X | F(x) \preceq V\}$$

是闭的. 这样, $L_{\preceq}(F; V)$ 的补集是开的, 即, $L_{\preceq}(F; V)^c$ 是开的. 对任意的 $\bar{x} \in X$, 如果 $F(\bar{x}) \not\preceq V$, 则 $\bar{x} \in L_{\preceq}(F; V)^c$. 因为 $L_{\preceq}(F; V)^c$ 是开的, 所以它就是下半连续定义中所需要的那个 $\bar{x}$ 的邻域.

另一方面, 假设 F 在 X 上是下半连续的. 令序列 $\{x_n\} \subset L_{\preceq}(F; V)$ 且 $x_n \to \bar{x}$. 如果 $\bar{x} \notin L_{\preceq}(F; V)$, 则 $F(\bar{x}) \not\preceq V$. 再由下半连续的定义可知, 存在一个正整数 N 使得

$$F(x_n) \not\preceq V, \quad \forall n \geqslant N.$$

这与 $\{x_n\} \subset L_{\preceq}(F; V)$ 矛盾. 因此, $\bar{x} \in L_{\preceq}(F; V)$ 且 $L_{\preceq}(F; V)$ 是闭的. 引理得证.

类似地, 可以得到下面的引理.

引理 7.1.4　假设集合序 $\preceq$ 为一个预序. 令 $F : X \to 2^Z$ 为一个集值映射. 下面的两个命题等价:

(i) F 关于集合序 $\preceq$ 在 X 上是上半连续的;

(ii) 对任意的 $V \in \Theta$, 水平集

$$L_{\succeq}(F; V) := \{x \in X | F(x) \succeq V\}$$

是闭的.

引理 7.1.5 [46] 假设集合序 $\preceq$ 为一个预序. 令 X_0 为 X 中的一个紧子集, 且 $F: X_0 \to 2^Z$ 为一个非空的集值映射.

(i) 如果 F 关于预序 $\preceq$ 在 X_0 上是下半连续的, 则

$$F(X_0) := \{F(x)|x \in X_0\}$$

关于预序 $\preceq$ 是下半紧的;

(ii) 如果 F 关于预序 $\preceq$ 在 X_0 上是上半连续的, 则

$$F(X_0) := \{F(x)|x \in X_0\}$$

关于预序 $\preceq$ 是上半紧的;

引理 7.1.6 [46] 令 X_0 为 X 中的一个紧子集, 且 $F: X_0 \to 2^Z$ 为一个非空的集值映射. 如果 $F(X_0)$ 是关于预序 $\preceq$ 下 (上) 半紧的, 则

$$\mathbf{Min}\bigcup_{x \in X_0} F(x) \neq \varnothing(\mathbf{Max}\bigcup_{x \in X_0} F(x) \neq \varnothing).$$

下面令 Y 也为一个拓扑空间.

定义 7.1.10 [46] 令 X_0 和 Y_0 分别为 X 和 Y 中的两个非空子集, 且 $F: X_0 \times Y_0 \to 2^Z$ 为一个非空的集值映射.

(i) 如果 F 满足

$$F(x_0, y_0) \in \mathbf{Min}\bigcup_{y \in Y_0} F(x_0, y) \bigcap \mathbf{Max}\bigcup_{x \in X_0} F(x, y_0),$$

则称 $(x_0, y_0) \in X_0 \times Y_0$ 为 F 关于预序 $\preceq$ 在 $X_0 \times Y_0$ 上的一个鞍点;

(ii) 如果 F 满足

$$F(x_0, y_0) \in \mathbf{Min}_w \bigcup_{y \in Y_0} F(x_0, y) \bigcap \mathbf{Max}_w \bigcup_{x \in X_0} F(x, y_0),$$

则称 $(x_0, y_0) \in X_0 \times Y_0$ 为 F 关于预序 $\preceq$ 在 $X_0 \times Y_0$ 上的一个弱鞍点.

7.2 集优化准则下的一致同阶集值映射的极大极小定理

本节主要讨论集优化准则下的一致同阶集值映射的极大极小问题.

定义 7.2.1 令 X_0 和 Y_0 分别为 X 和 Y 的两个非空的子集, $F: X_0 \times Y_0 \to 2^Z$ 为一个非空值的集值映射. 如果存在 $x_0 \in X_0$ 使得

$$F(x_0, y'') \preceq F(x_0, y') \quad \text{且} \quad F(x_0, y') \notin [F(x_0, y'')],$$

对任意的 $x \in X_0$, 有

$$F(x, y'') \preceq F(x, y') \quad 且 \quad F(x, y') \notin [F(x, y'')].$$

则称 $F(x, y)$ 关于 $y', y'' \in Y_0$ 在 X_0 上是一致同阶的. 如果 $F(x, y)$ 关于任意的 $y', y'' \in Y_0$ 在 X_0 上是一致同阶的, 则称 $F(x, y)$ 在 X_0 上是一致同阶的. 类似地, 可以定义 $F(x, y)$ 在 Y_0 上是一致同阶的.

注 7.2.1　令 u 和 v 为两个向量值映射, M 为 Z 中的一个非空子集. 显然, 这类集值映射 $F(x, y) = u(x) + v(y) + M$ 一定是关于预序 $\preceq_l$ 在 X_0 和 Y_0 上一致同阶的.

下面的例子说明, 上述定义的一致同阶集值映射包含这类变量分离的集值映射 $F(x, y) = u(x) + v(y) + M$ 为其真子集.

例 7.2.1　令 $X = Y = R^2$, $X_0 = Y_0 = \{(x_1, x_2) | 1 \leqslant x_1 \leqslant 2, 1 \leqslant x_2 \leqslant 2, x_1 \leqslant x_2\} \subset R^2$, $S = R_+$. 定义集值映射 $F : X_0 \times Y_0 \to 2^R$,

$$F(x, y) = [x_1 y_1, x_2 y_2], \quad (x, y) \in X_0 \times Y_0.$$

容易验证 F 在 $X_0 \times Y_0$ 上关于集合序 $\preceq_l$ 是一致同阶的.

引理 7.2.1　令 X_0 和 Y_0 分别为 X 和 Y 的两个非空的子集, $F : X_0 \times Y_0 \to 2^Z$ 为一个非空值的集值映射.

(i) 如果 $F(x, y)$ 在 X_0 上关于集合序 $\preceq$ 是一致同阶的且 $F(\hat{x}, \hat{y}) \in \mathbf{Min} F(\hat{x}, Y_0)$, 则对任意的 $x \in X_0$,

$$F(x, \hat{y}) \in \mathbf{Min} F(x, Y_0);$$

(ii) 如果 $F(x, y)$ 在 Y_0 上关于集合序 $\preceq$ 是一致同阶的且 $F(\hat{x}, \hat{y}) \in \mathbf{Max} F(X_0, \hat{y})$, 则对任意的 $y \in Y_0$,

$$F(\hat{x}, y) \in \mathbf{Max} F(X_0, y).$$

证明　(i) 令 $F(\hat{x}, \hat{y}) \in \mathbf{Min} F(\hat{x}, Y_0)$. 如果存在 $\bar{x} \in X_0$ 使得

$$F(\bar{x}, \hat{y}) \notin \mathbf{Min} F(\bar{x}, Y_0), \tag{7.1}$$

则由引理 7.1.1 和 (7.1) 得, 存在 $y' \in Y_0$ 使得

$$F(\bar{x}, y') \preceq F(\bar{x}, \hat{y}) \quad 且 \quad F(\bar{x}, y') \notin [F(\bar{x}, \hat{y})].$$

因为 $F(x, y)$ 在 X_0 上关于集合序 $\preceq$ 是一致同阶的, 所以

$$F(\hat{x}, y') \preceq F(\hat{x}, \hat{y}) \quad 且 \quad F(\hat{x}, y') \notin [F(\hat{x}, \hat{y})].$$

这与 $F(\hat{x},\hat{y}) \in \mathbf{Min}F(\hat{x},Y_0)$ 相矛盾.

(ii) 类似地, 可得此结论.

为了描述在集优化准则下的一致同阶集值映射的鞍点集, 引入下列符号:

$$A := \{x \in X_0 | F(x,y) \in \mathbf{Max}F(X_0,y), \forall y \in Y_0\}$$

和

$$B := \{y \in Y_0 | F(x,y) \in \mathbf{Min}F(x,Y_0), \forall x \in X_0\}.$$

除此之外, 记 SP 为集优化准则下一致同阶集值映射的鞍点集.

定理 7.2.1 令 X_0 和 Y_0 分别为 X 和 Y 的两个非空的紧子集, $F : X_0 \times Y_0 \to 2^Z$ 为一个非空值的集值映射且满足下列假设:

(i) 对每一个 $x \in X_0$, $F(x,\cdot)$ 在 Y_0 上是下半连续的;

(ii) 对每一个 $y \in Y_0$, $F(\cdot,y)$ 在 X_0 上是上半连续的;

(iii) F 在 X_0 上关于预序 $\preceq$ 是一致同阶的;

(iv) F 在 Y_0 上关于预序 $\preceq$ 是一致同阶的.

则至少存在 F 关于预序 $\preceq$ 的一个鞍点且

$$\text{SP} = A \times B.$$

证明 由假设和引理 7.1.5 及引理 7.1.6 得, 对任意的 $x \in X_0$ 和 $y \in Y_0$,

$$\mathbf{Min}F(x,Y_0) \neq \varnothing \quad \text{和} \quad \mathbf{Max}F(X_0,y) \neq \varnothing. \tag{7.2}$$

首先, 证明 $A \neq \varnothing$ 和 $B \neq \varnothing$. 事实上, 由 (7.2) 知, 存在 x_0 和 y_0 使得

$$F(x_0,y_0) \in \mathbf{Min}F(x_0,Y_0).$$

由引理 7.2.1 知, 对任意的 $x \in X_0$, $F(x,y_0) \in \mathbf{Min}F(x,Y_0)$. 因此, $y_0 \in B$ 和 $B \neq \varnothing$. 类似地可证明 $A \neq \varnothing$.

下面证明 SP$= A \times B$. 显然, $A \times B \subset$SP. 令 $(x_0,y_0) \in$SP. 然后,

$$F(x_0,y_0) \in \mathbf{Min}F(x_0,Y_0) \bigcap \mathbf{Max}F(X_0,y_0).$$

由假设和引理 7.2.1 得, 对任意的 $x \in X_0$ 和 $y \in Y_0$,

$$F(x,y_0) \in \mathbf{Min}F(x,Y_0) \quad \text{和} \quad F(x_0,y) \in \mathbf{Max}F(X_0,y).$$

这样, $x_0 \in A$ 和 $y_0 \in B$; 也就是

$$\text{SP} \subset A \times B.$$

因此,

$$\mathrm{SP} = A \times B.$$

定理得证.

注 7.2.2 值得注意的是定理 7.2.1 也描述了鞍点集的结构.

定义 7.2.2 令 X_0 和 Y_0 分别为 X 和 Y 的两个非空的子集, $F : X_0 \times Y_0 \to 2^Z$ 为一个非空值的集值映射. 如果存在 $x_0 \in X_0$ 使得

$$F(x_0, y'') \ll_s F(x_0, y'),$$

对任意的 $x \in X_0$ 有

$$F(x, y'') \ll_s F(x, y').$$

则称 $F(x, y)$ 关于 $y', y'' \in Y_0$ 在 X_0 上是弱一致同阶的. 如果 $F(x, y)$ 关于任意的 $y', y'' \in Y_0$ 在 X_0 上是弱一致同阶的, 则称 $F(x, y)$ 在 X_0 上是弱一致同阶的. 类似地, 可以定义 $F(x, y)$ 在 Y_0 上是弱一致同阶的.

引理 7.2.2 令 X_0 和 Y_0 分别为 X 和 Y 的两个非空的子集, $F : X_0 \times Y_0 \to 2^Z$ 为一个非空值的集值映射.

(i) 如果 $F(x, y)$ 在 X_0 上关于集合序 $\preceq_s$ 是弱一致同阶的, 对任意的 $(x, y) \in X_0 \times Y_0$, $\mathrm{Min}_w F(x, y) \neq \varnothing$(或 $\mathbf{Max}_w F(x, y) \neq \varnothing$) 且 $F(\hat{x}, \hat{y}) \in \mathbf{Min}_w F(\hat{x}, Y_0)$, 则对任意的 $x \in X_0$,

$$F(x, \hat{y}) \in \mathbf{Min}_w F(x, Y_0);$$

(ii) 如果 $F(x, y)$ 在 Y_0 上关于集合序 $\preceq_s$ 是弱一致同阶的, 对任意的 $(x, y) \in X_0 \times Y_0$, $\mathrm{Min}_w F(x, y) \neq \varnothing$(或 $\mathbf{Max}_w F(x, y) \neq \varnothing$) 且 $F(\hat{x}, \hat{y}) \in \mathbf{Max}_w F(X_0, \hat{y})$, 则对任意的 $y \in Y_0$,

$$F(\hat{x}, y) \in \mathbf{Max}_w F(X_0, y).$$

证明 (i) 令 $F(\hat{x}, \hat{y}) \in \mathbf{Min}_w F(\hat{x}, Y_0)$. 如果存在 $\bar{x} \in X_0$ 使得

$$F(\bar{x}, \hat{y}) \notin \mathbf{Min}_w F(\bar{x}, Y_0). \tag{7.3}$$

由 (7.3) 和引理 7.1.2 得, 存在 $y' \in Y_0$ 使得

$$F(\bar{x}, y') \ll_s F(\bar{x}, \hat{y}).$$

因为 F 在 X_0 上关于集合序 $\preceq_s$ 是弱一致同阶的, 所以

$$F(\hat{x}, y') \ll_s F(\hat{x}, \hat{y}).$$

这与 $F(\hat{x}, \hat{y}) \in \mathbf{Min}_w F(\hat{x}, Y_0)$ 矛盾.

(ii) 类似地, 此结论立得.

引理 7.2.3 令 $\mathbb{Q}$ 为 Θ 中的集族且 A 为 $\mathbb{Q}$ 中的一集合. 下列结论成立:

(i) 如果 A 是 $\mathbb{Q}$ 中关于预序 $\preceq_s$ 的一个极小集, 则 A 是 $\mathbb{Q}$ 中关于预序 $\preceq_s$ 的一个弱极小集;

(ii) 如果 A 是 $\mathbb{Q}$ 中关于预序 $\preceq_s$ 的一个极大集, 则 A 是 $\mathbb{Q}$ 中关于预序 $\preceq_s$ 的一个弱极大集.

证明 类似于文献 [42] 中的命题 2.7 的证明, 此结论立得.

为了描述在集优化准则下的一致同阶集值映射的弱鞍点集, 引入下列符号:

$$A_w := \{x \in X_0 | F(x,y) \in \mathbf{Max}_w F(X_0,y), \forall y \in Y_0\}$$

和

$$B_w := \{y \in Y_0 | F(x,y) \in \mathbf{Min}_w F(x,Y_0), \forall x \in X_0\}.$$

除此之外, 记 SP_w 为集优化准则下一致同阶集值映射的弱鞍点集.

定理 7.2.2 令 X_0 和 Y_0 分别为 X 和 Y 的两个非空的紧子集, $F : X_0 \times Y_0 \to 2^Z$ 为一个非空值的集值映射且满足下列假设:

(i) 对每一个 $x \in X_0$, $F(x,\cdot)$ 在 Y_0 上是下半连续的;

(ii) 对每一个 $y \in Y_0$, $F(\cdot,y)$ 在 X_0 上是上半连续的;

(iii) F 在 X_0 上关于预序 $\preceq_s$ 是弱一致同阶的;

(iv) F 在 Y_0 上关于预序 $\preceq_s$ 是弱一致同阶的;

(v) 对任意的 $(x,y) \in X_0 \times Y_0$, $\mathbf{Min}_w F(x,y) \neq \varnothing$(或 $\mathbf{Max}_w F(x,y) \neq \varnothing$).

则至少存在 F 关于预序 $\preceq_s$ 的一个弱鞍点且

$$SP_w = A_w \times B_w.$$

证明 通过引理 7.2.2 和引理 7.2.3, 类似于定理 7.2.1 的证明, 此结论立得.

注 7.2.3 值得注意的是定理 7.2.2 也描述了弱鞍点集的结构.

在这一节的最后, 总是假设 X 和 Y 为拓扑空间, $Z = R$ 和 $S = R_+$.

引理 7.2.4 令 $\mathbb{Q}$ 为 Θ 中的一个集族. 下列结论成立:

(i) 如果 $A \in \mathbf{Min}\mathbb{Q}$ 对于预序 $\preceq_l$, 则 $[A] = \mathbf{Min}\mathbb{Q}$;

(ii) 如果 $A \in \mathbf{Max}\mathbb{Q}$ 对于预序 $\preceq_l$, 则 $[A] = \mathbf{Max}\mathbb{Q}$.

证明 (i) 假设存在 $B \in A$ 使得

$$B \notin [A] \quad \text{和} \quad B \in \mathbf{Min}\mathbb{Q}.$$

如果 $B \subset A + R_+$, 则

$$A \preceq_l B.$$

因为 $B \in \mathbf{Min}\mathbb{Q}$, 所以

$$B \preceq_l A.$$

这样,

$$B \in [A].$$

这就是一个矛盾. 类似地, 如果 $A \subset B + R_+$, 也能得到类似的矛盾.

(ii) 类似地, 此结论立得.

引理 7.2.5　令 X_0 和 Y_0 分别为 X 和 Y 的两个非空的子集, $F : X_0 \times Y_0 \to 2^R$ 为一个非空值的集值映射.

(i) 如果 $F(x, y)$ 在 X_0 上关于集合序 $\preceq_l$ 是一致同阶的且 $[F(\hat{x}, \hat{y})] = \mathbf{Min}F(\hat{x}, Y_0)$, 则对任意的 $x \in X_0$,

$$[F(x, \hat{y})] = \mathbf{Min}F(x, Y_0);$$

(ii) 如果 $F(x, y)$ 在 Y_0 上关于集合序是一致同阶的且 $[F(\hat{x}, \hat{y})] = \mathbf{Max}F(X_0, \hat{y})$, 则对任意的 $y \in Y_0$,

$$[F(\hat{x}, y)] = \mathbf{Max}F(X_0, y).$$

证明　通过引理 7.2.1 和引理 7.2.4, 此结论立得.

由于集优化问题的基本概念还不是很完善, 所以直接讨论广义集值映射在集优化准则下的极大极小集和极小极大集的存在性, 不是一个容易的工作. 但是, 对于标量的一致同阶映射带着预序 $\preceq$, 可以得到在集优化准则下的极大极小集和极小极大集的存在性结论.

引理 7.2.6　令 X_0 和 Y_0 分别为 X 和 Y 的两个非空的紧子集, $F : X_0 \times Y_0 \to 2^R$ 为一个非空值的集值映射且满足下列假设:

(i) F 关于预序 $\preceq_l$ 在 X_0 上是一致同阶的;

(ii) 对任意的 $x \in X_0$, $F(x, \cdot)$ 在 Y_0 上是下半连续的;

(iii) 对任意的 $y \in Y_0$, $F(\cdot, y)$ 在 X 上是上半连续的.

则有

$$\mathbf{Max}\bigcup_{x \in X_0} \mathbf{Min}F(x, Y_0) \neq \varnothing.$$

证明　由假设以及引理 7.1.5 和引理 7.1.6 得, 对任意的 $x \in X_0$,

$$\mathbf{Min}F(x, Y_0) \neq \varnothing.$$

固定 $\bar{x} \in X_0$, 存在 $\bar{y} \in Y_0$ 使得

$$[F(\bar{x}, \bar{y})] = \mathbf{Min}F(\bar{x}, Y_0).$$

由引理 7.2.5 得

$$[F(x, \bar{y})] = \mathbf{Min}F(x, Y_0), \quad \forall x \in X_0.$$

令 $H(x) := \mathbf{Min}F(x, Y_0)$. 对所有的 $A \in \Theta$, 有

$$
\begin{aligned}
\{x \in X_0 : H(x)_l \preceq A\} &= \{x \in X_0 : [F(x, \bar{y})] \preceq_l A]\} \\
&= \{x \in X_0 : [F(x, \bar{y})] \subset A + R_+\} \\
&= \{x \in X_0 : F(x, \bar{y}) \subset A + R_+\}.
\end{aligned}
$$

由假设和引理 7.1.4 得, $H(x)$ 关于预序 $\preceq_l$ 在 X_0 上是上半连续的. 然后, 由引理 7.1.5 和引理 7.1.6 得

$$\mathbf{Max}\bigcup\nolimits_{x \in X_0} \mathbf{Min}F(x, Y_0) \neq \varnothing.$$

引理得证.

引理 7.2.7　令 X_0 和 Y_0 分别为 X 和 Y 的两个非空的紧子集, $F : X_0 \times Y_0 \to 2^R$ 为一个非空值的集值映射且满足下列假设:

(i) F 关于预序 $\preceq_l$ 在 Y_0 上是一致同阶的;

(ii) 对任意的 $x \in X_0$, $F(x, \cdot)$ 在 Y 上是下半连续的;

(iii) 对任意的 $y \in Y_0$, $F(\cdot, y)$ 在 X_0 上是上半连续的.

则有

$$\mathbf{Min}\bigcup\nolimits_{y \in Y_0} \mathbf{Max}F(X_0, y) \neq \varnothing.$$

证明　类似于引理 7.2.6 的证明, 此结论立得.

引理 7.2.8　令 $\mathbb{Q}$ 为 Θ 中的一个集族. 下列结论等价:

(i) A 是集族 $\mathbb{Q}$ 的极小 (大) 集带着预序 $\preceq_l$;

(ii) 对任意的 $B \in A$, $A \preceq_l B$ ($B_l A$).

证明　(i) $\Rightarrow$ (ii)　如果存在 $B \in \mathbb{Q}$ 使得

$$A \npreceq_l B,$$

即

$$B \not\subset A + R_+.$$

又显然

$$A \subset B + R_+.$$

这样,

$$B \preceq_l A \quad \text{和} \quad B \notin [A].$$

由引理 7.1.1 得, A 不是集族 $\mathbb{Q}$ 的极小集. 这就是一个矛盾.

(ii)⇒(i)　从定义 7.1.6 立即可得.

定理 7.2.3　令 X_0 和 Y_0 分别为 X 和 Y 的两个非空的紧子集, $F : X_0 \times Y_0 \to 2^R$ 为一个非空值的集值映射且满足下列假设:

(i) 对每一个 $x \in X_0$, $F(x, \cdot)$ 在 Y 上是下半连续的;

(ii) 对每一个 $y \in Y_0$, $F(\cdot, y)$ 在 X 上是上半连续的;

(iii) F 关于预序 $\preceq_l$ 在 X_0 和 Y_0 上都是一致同阶的.

则有

$$\mathbf{Min}\bigcup\nolimits_{y \in Y_0} \mathbf{Max} F(X_0, y) = \mathbf{Max}\bigcup\nolimits_{x \in X_0} \mathbf{Min} F(x, Y_0).$$

证明　由假设以及引理 7.2.6 和引理 7.2.7 得

$$\mathbf{Max}\bigcup\nolimits_{x \in X_0} \mathbf{Min} F(x, Y_0) \neq \varnothing \quad \text{和} \quad \mathbf{Min}\bigcup\nolimits_{y \in Y_0} \mathbf{Max} F(X_0, y) \neq \varnothing.$$

显然, 对任意的 $x \in X_0$ 和 $y \in Y_0$, 由引理 7.2.4 和引理 7.2.8 得

$$\mathbf{Min} F(x, Y_0) \preceq_l [F(x, y)] \preceq_l \mathbf{Max} F(X_0, y).$$

所以有

$$\mathbf{Max}\bigcup\nolimits_{x \in X_0} \mathbf{Min} F(x, Y_0) \preceq_l \mathbf{Min}\bigcup\nolimits_{y \in Y_0} \mathbf{Max} F(X_0, y). \tag{7.4}$$

令 $[A] = \mathbf{Min}\bigcup\nolimits_{y \in Y_0} \mathbf{Max} F(X_0, y)$. 然后, 存在 $\bar{x}, \bar{y}$ 使得

$$A \in \mathbf{Max} F(X_0, \bar{y}) \quad \text{和} \quad A = F(\bar{x}, \bar{y}).$$

由引理 7.2.4 得

$$[F(\bar{x}, \bar{y})] = \mathbf{Max} F(X_0, \bar{y}).$$

这样, 由引理 7.2.5 得, 对所有的 $y \in Y_0$,

$$[F(\bar{x}, y)] = \mathbf{Max} F(X_0, y). \tag{7.5}$$

现在证明

$$[F(\bar{x}, \bar{y})] = \mathbf{Min} F(\bar{x}, Y_0). \tag{7.6}$$

事实上, 如果 $F(\bar{x}, \bar{y}) \notin \mathbf{Min} F(\bar{x}, Y_0)$, 存在 $y_0 \in Y_0$ 使得

$$F(\bar{x}, y_0) \preceq_l F(\bar{x}, \bar{y}) \quad \text{和} \quad F(\bar{x}, y_0) \notin [F(\bar{x}, \bar{y})].$$

由 (7.5) 得, $F(\bar{x}, y_0) \in \mathbf{Max} F(X_0, y_0)$. 这也就暗示了

$$F(\bar{x}, \bar{y}) \notin \mathbf{Min}\bigcup\nolimits_{y \in Y_0} \mathbf{Max} F(X_0, y).$$

因此 (7.6) 成立. 由 (7.6) 得

$$[F(\bar{x}, \bar{y})] = \mathbf{Min}F(\bar{x}, Y_0) \preceq_l \mathbf{Max}\bigcup_{x \in X_0} \mathbf{Min}F(x, Y_0).$$

即

$$\mathbf{Min}\bigcup_{y \in Y_0} \mathbf{Max}F(X_0, y) \preceq_l \mathbf{Max}\bigcup_{x \in X_0} \mathbf{Min}F(x, Y_0). \tag{7.7}$$

从而,

$$\mathbf{Min}\bigcup_{y \in Y_0} \mathbf{Max}F(X_0, y) = \mathbf{Max}\bigcup_{x \in X_0} \mathbf{Min}F(x, Y_0).$$

定理得证.

下面给出一个例子解释定理 7.2.3.

例 7.2.2 令 $X = Y = R^2$, $X_0 = Y_0 = \{(x_1, x_2) | 1 \leqslant x_1 \leqslant 2, 1 \leqslant x_2 \leqslant 2, x_1 \leqslant x_2\} \subset R^2$, $S = R_+$. 定义集值映射 $F : X_0 \times Y_0 \to 2^R$ 如下,

$$F(x, y) = [x_1 y_1, x_2 y_2], \quad (x, y) \in X_0 \times Y_0.$$

显然定理 7.2.3 的所有假设都成立. 因此, 定理 7.2.3 是可行的. 事实上, 取 $\bar{y} = (1, 1)$, 通过计算

$$\mathbf{Max}F(X_0, \bar{y}) = [F((2, 2), \bar{y})].$$

然后, 由引理 7.2.5 得, 对任意的 $y \in Y_0$,

$$\mathbf{Max}F(X_0, y) = [F((2, 2), y)].$$

类似地, 取 $\bar{x} = (1, 1)$, 可得 $\mathbf{Min}F(\bar{x}, Y_0) = [F(\bar{x}, (1, 2))]$. 然后, 由引理 7.2.5 得, 对任意的 $x \in X_0$,

$$\mathbf{Min}F(x, Y_0) = [F(x, (1, 2))].$$

因此,

$$\mathbf{Min}\bigcup_{y \in Y_0} \mathbf{Max}F(X_0, y) = [2, 4] = \mathbf{Max}\bigcup_{x \in X_0} \mathbf{Min}F(x, Y_0).$$

下面的例子说明了定理 7.2.3 的假设 (iii) 是不可或缺的.

例 7.2.3 令 $X = Y = R$, $X_0 = Y_0 = [-1, 1]$, $S = R_+$. 定义集值映射 $F : X_0 \times Y_0 \to 2^R$ 如下,

$$F(x, y) = [xy + y, y + 3], \quad (x, y) \in X_0 \times Y_0.$$

显然, 定理 7.2.3 中除了假设 (iii), 其他假设都成立. 令 $x_0 = 1$, $y_1 = -1$ 和 $y_2 = 1$. 通过简单的计算, 有

$$F(x_0, y_1) \preceq_l F(x_0, y_2) \quad \text{和} \quad F(x_0, y_1) \notin [F(x_0, y_2)],$$

但是, 对 $\bar{x} = -1$,

$$F(\bar{x}, y_1) \preceq_l F(\bar{x}, y_2) \quad \text{和} \quad F(\bar{x}, y_1) \in [F(\bar{x}, y_2)].$$

因此, 断言定理 7.2.3 是不可行的. 事实上,

$$\mathbf{Max}\bigcup_{x \in X_0} \mathbf{Min} F(x, Y_0) = \varnothing.$$

定理 7.2.4　令 $F : X_0 \times Y_0 \to 2^R$ 为一集值映射. 假设

$$\mathbf{Max}\bigcup_{x \in X_0} \mathbf{Min} F(x, Y_0) \neq \varnothing \quad \text{和} \quad \mathbf{Min}\bigcup_{y \in Y_0} \mathbf{Max} F(X_0, y) \neq \varnothing,$$

则有

$$\mathbf{Min}\bigcup_{y \in Y_0} \mathbf{Max} F(X_0, y) = \mathbf{Max}\bigcup_{x \in X_0} \mathbf{Min} F(x, Y_0)$$

当且仅当存在 $(\bar{x}, \bar{y}) \in X_0 \times Y_0$ 使得

$$[F(\bar{x}, \bar{y})] = \mathbf{Min} F(\bar{x}, Y_0) = \mathbf{Max} F(X_0, \bar{y}).$$

证明　假设存在 $(\bar{x}, \bar{y}) \in X_0 \times Y_0$ 使得

$$[F(\bar{x}, \bar{y})] = \mathbf{Min} F(\bar{x}, Y_0) = \mathbf{Max} F(X_0, \bar{y}).$$

然后,

$$\mathbf{Min}\bigcup_{y \in Y_0} \mathbf{Max} F(X_0, y) \preceq_l \mathbf{Max} F(X_0, \bar{y}) = \mathbf{Min} F(\bar{x}, Y_0)$$
$$\preceq_l \mathbf{Max}\bigcup_{x \in X_0} \mathbf{Min} F(x, Y_0).$$

从而有,

$$\mathbf{Min}\bigcup_{y \in Y_0} \mathbf{Max} F(X_0, y) = \mathbf{Max}\bigcup_{x \in X_0} \mathbf{Min} F(x, Y_0). \tag{7.8}$$

反过来, 存在 $\bar{x} \in X_0$ 和 $\bar{y} \in Y_0$ 使得

$$\mathbf{Min}\bigcup_{y \in Y_0} \mathbf{Max} F(X_0, y) = \mathbf{Max} F(X_0, \bar{y}) = \mathbf{Min} F(\bar{x}, Y_0)$$
$$= \mathbf{Max}\bigcup_{x \in X_0} \mathbf{Min} F(x, Y_0).$$

因此, 对任意的 $x \in X_0$ 和 $y \in Y_0$,

$$[F(x, \bar{y})] \preceq_l \mathbf{Max} F(X_0, \bar{y}) = \mathbf{Min} F(\bar{x}, Y_0) \preceq_l [F(\bar{x}, y)].$$

特殊地, 取 $x = \bar{x}$ 和 $y = \bar{y}$,

$$[F(\bar{x}, \bar{y})] = \mathbf{Min} F(\bar{x}, Y_0) = \mathbf{Max} F(X_0, \bar{y}).$$

定理得证.

注 7.2.4 由文献 [47] 中的定理 3.2 可得, 如果 (x, y) 是集值映射 F 在向量优化准则下的一个 R_+-鞍点, 则 $F(x, y)$ 一定是一个单点集. 在第 6 章中, 我们也得到了在向量优化准则下的一致同阶映射 (序关系由一个尖闭凸锥诱导) 的锥松鞍点定理. 特殊地, 也得到了一类更为特殊的集值映射

$$F(x, y) = u(x) + v(y) + M$$

的一个锥松鞍点定理, 这里 u, v 为两个实值映射, M 为一个 R 中的固定的集合 (不是单点集). 但是对上述这类集值映射, 我们不能得到向量优化准则下的 R_+-鞍点定理和极大极小定理. 主要原因是对任意的 x, y, $F(x, y)$ 都不是一个单点. 然而, 对上述这类集值映射, 我们可以得到在集优化准则下的鞍点定理和极大极小定理. 从这里可以看出, 对极大极小问题, 两种不同准则下的巨大差异.

7.3 本 章 小 结

本章主要研究了一类特殊集值映射在集优化准则下的极大极小定理和鞍点问题. 在下列集合序关系即

$$A \preceq_l B :\Leftrightarrow B \subset A + S, \quad \forall A, B \in \Theta$$

下, 建立了集优化准则下的一致同阶集值映射的极大极小定理和鞍点定理, 并描述了鞍点集的结构. 其中, 作为一致同阶映射的特殊情况, 即下列特殊形式的集值映射:

$$F(x, y) = u(x) + v(y) + M$$

其中, u, v 为两个向量值映射 (实值映射), M 为一个固定的集合. 特殊地, 我们也得到了这类更为特殊的集值映射的极大极小定理和鞍点定理, 并详细解释了在集优化准则与向量优化准则下, 这类更为特殊的集值映射的极大极小定理和鞍点定理的巨大差异.

第8章 集值 Nash 型博弈问题的适定性

博弈论是研究利益冲突下决策分析的科学, 是对现实生活的高度抽象. 这种高度抽象性使得博弈论在现实生活中有了广泛的应用背景. 因此, 自从博弈论诞生以来, 就受到了科学家的极大关注. 博弈论由 J.von Neumann 和 O.Morgenstern 1944 年合作的名著《博弈论与经济行为》的出版而宣告诞生. 经典的博弈问题的支付函数是单值的 (一个数或一个向量), 然而, 受客观条件和一些不确定因素的影响, 要想精确地计算出这个值是非常困难的, 甚至是不可能的. 一般情况下, 人们只能计算出这个值的一个大概范围. 这时, 相应博弈问题的支付函数就变为一个集值映射. 因此, 研究带有集值支付函数的博弈问题是非常有必要的.

本章皆在讨论带有向量集值支付函数的 Nash 型博弈问题适定性问题. 首先, 引入带有向量集值支付函数的 Nash 型博弈模型. 其次, 在集合 Hausdorff 距离的意义下, 讨论这类带有向量集值支付函数的 Nash 型博弈问题解的适定性. 同时, 讨论当支付函数退化为一个实值函数时, 其对应的适定性结论.

8.1 基 本 概 念

在本章总是假设 $X_i, Y_i (i \in I)$ 是实的 Banach 空间, $C_i \subset Y_i$ 为一个真闭凸锥. 令 $X = \prod_{i \in I} X_i, X^i = \prod_{j \in I, j \neq i} X_j$, 与 $F_i : X^i \times X_i \to 2^{Y_i}, S_i : X^i \to 2^{X_i}$ 为两个集值映射. 对于每一个 $x \in X$, 规定 x_i, x^i 分别代表 x 的第 i 个分量和 x 在 X^i 上的投影. 记 $x = (x_i, x^i)$. 考虑下面的集值 Nash 型博弈问题 (Set Valued Nash Game Problem (SVNGP)):

寻找 $\bar{x} = (\bar{x})_{i \in I} \in X, \bar{y}_i \in F_i(\bar{x}^i, \bar{x}_i)$ 使得对每一个 $i \in I, \bar{x}_i \in S(\bar{x}^i)$, 且满足

$$y_i - \bar{y}_i \notin -\text{int} C_i, \quad \forall y_i \in F_i(\bar{x}^i, u_i), \quad \forall u_i \in S(\bar{x}^i).$$

在本章中, 我们总是假设 (SVNGP) 的解集非空并且记为 Q. 除此之外, 总是假设 $e_i \in \text{int } C_i, \forall i \in I$.

注 8.1.1 (i) 若 $I = \{1, 2\}$, 上述问题就退化为找个 $\bar{x} = (\bar{x}_1, \bar{x}_2)_{i \in I} \in X, \bar{y}_1 \in F_1(\bar{x}_2, \bar{x}_1), \bar{y}_2 \in F_2(\bar{x}_1, \bar{x}_2)$ 使得对每一个 $i \in I, \bar{x}_i \in S(\bar{x}^i)$, 满足

$$y_i - \bar{y}_i \notin -\text{int} C_i, \quad \forall y_i \in F_i(\bar{x}^i, u_i), \quad \forall u_i \in S(\bar{x}^i),$$

其中, $\bar{x}^1 = \bar{x}_2, \bar{x}^2 = \bar{x}_1$.

(ii) 对每一个 $i \in I$, 若果 F_i 退化为单值函数, (SVNGP) 就退化为经典的单值 Nash 型博弈问题.

定义 8.1.1　如果存在序列 $\{\varepsilon_n\} \subseteq R_+$ 且 $\varepsilon_n \to 0$ 使得

$$d(x_{n_i}, S_i(x_n^i)) \leqslant \varepsilon_n, \quad \forall n \in N, \quad i \in I, \tag{8.1}$$

且存在 $y_{n_i} \in F_i(x_n^i, x_{n_i})$ 满足

$$y_{n_i} - \bar{y}_{n_i} + \varepsilon_n e_i \notin -\mathrm{int}C_i, \quad \forall y_{n_i} \in F_i(x_n^i, u_{n_i}),$$

$$\forall u_{n_i} \in S(x_n^i), \quad \forall n \in N, \quad i \in I, \tag{8.2}$$

则称序列 $\{x_n = (x_{n_i}, x_n^i)\}_{i \in I} \in X$ 为 (SVNGP) 的近似解序列.

定义 8.1.2　如果存在唯一的 (SVNGP) 解 $\bar{x}$ 并且每一个近似解序列都强收敛到 $\bar{x}$, 则称 (SVNGP) 为适定的; 如果 (SVNGP) 解集是一个集合且每一个近似解序列都有收敛子序列收敛到解集中的某点, 则称 (SVNGP) 广义适定的.

注 8.1.2　如果 (SVNGP) 是广义适定的, 那么其解集一定是非空紧值的.

定义 8.1.3 [1]　设 $F: X \to 2^V$ 为一个非空值的集值映射, 其中 V 为一拓扑空间.

(i) 如果每一个 $x \in X$, 对每一个收敛到 x 的序列 $\{x_n\}$ 和对每一个收敛到点 z 的序列 $\{z_n\}$ 满足 $z_n \in F(x_n), \forall n \in N$ 一定有 $z \in F(x)$, 则称集值映射 F 为闭的;

(ii) 如果每一个 $x \in X$, 对每一个收敛到 x 的序列 $\{x_n\}$ 满足 $z_n \in F(x_n), \forall n \in N$ 的序列 $\{z_n\}$ 都有收敛子序列, 则称集值映射 F 在 X 上为次连续的.

定义 8.1.4　给定集合 $A, B \subset X$, 则集合 A 和 B 的 Hausdorff 距离定义如下:

$$H(A, B) = \max\{e(A, B), e(B, A)\},$$

其中 $e(A, B) = \sup\{d(a, B) : a \in A\}$ 且 $d(a, B) = \inf_{b \in B} d(a, b)$.

定义 8.1.5　设 B 是 X 的非空子集, 其非紧性 Kuratowski 测度

$$\alpha(B) = \inf\{\varepsilon > 0 : B \subset \bigcup_{i=1}^n B_i, \mathrm{diam}B_i < \varepsilon\},$$

其中 $\mathrm{diam}B_i = \sup\{d(x_1, x_2) : x_1, x_2 \in B_i\}$.

8.2　(SVNGP) 适定性

在这一节, 我们讨论 (SVNGP) 适定性的几种刻画准则. 为了刻画适定性问题, 引入下列 (SVNGP) 近似解集的概念:

$$Q_\varepsilon := \{\bar{x} = (\bar{x}_i, \bar{x}^i) : d(\bar{x}_i, S_i(\bar{x}^i)) \leqslant \varepsilon, \exists \bar{y}_i \in F_i(\bar{x}^i, \bar{x}_i),$$

$$y_i - \bar{y}_i + \varepsilon e_i \notin -intC_i, \forall y_i \in F_i(\bar{x}^i, u_i) \forall u_i \in S_i(\bar{x}^i), \forall i \in I\}.$$

为了方便, 不妨设 $I = \{1, 2\}$.

定理 8.2.1　若 (SVNGP) 是适定的, 那么

$$Q_\varepsilon \neq \varnothing, \forall \varepsilon > 0 \lim_{\varepsilon \to 0} \mathrm{diam} Q_\varepsilon = 0. \tag{8.3}$$

进一步, 如果 $X_i (i \in I)$ 是闭凸的满足以下假设:

(i) $F_i : X^i \times X_i \to 2^{Y_i}$ 是连续的且有紧值的;

(ii) $S_i : X^i \to 2^{X_i}$ 在 X^i 上是闭的、次连续的和下半连续的.

则, 反之也成立.

证明　若 (SVNGP) 是适定的, 则解集 Q 是单值的. 对于每一个 $\varepsilon > 0$ 说, 恒有

$$\varnothing \neq Q \subseteq Q_\varepsilon.$$

假设对每一个 $\varepsilon_n > 0$,

$$\lim_{\varepsilon_n \to 0} \mathrm{diam} Q_{\varepsilon_n} > \beta > 0.$$

可以找到两个序列 $\{(x_n)_{n \in I}\}$ 和 $\{(z_n)_{n \in I}\}$ 使得

$$x_n \in Q_{\varepsilon_n}, \quad z_n \in Q_{\varepsilon_n},$$

且当 n 足够大时有

$$\|x_n - z_n\| > \beta.$$

因为 $\{(x_n)_{n \in I}\}$ 和 $\{(z_n)_{n \in I}\}$ 是 (SVNGP) 近似解序列, 那么它们应收敛到唯一解, 从而得出矛盾. 故假设不成立.

现假设 (8.3) 成立且 $\{x_n = (x_{n_1}, x_{n_2})\} \subseteq X$ 是 (SVNGP) 的任一近似解序列, 那么一定存在收敛到 0 的递减序列 $\{t_n\} \subseteq \mathrm{R}_+$ 满足

$$d(x_{n_i}, S_i(x_n^i)) \leqslant t_n, \quad \forall n \in N, i \in I, \tag{8.4}$$

且存在 $y_{n_i} \in F_i(x_n^i, x_{n_i})$ 满足

$$y_{n_i} - \bar{y}_{n_i} + t_n e_i \notin -intC_i, \quad \forall y_{n_i} \in F_i(x_n^i, u_{n_i}), \quad \forall u_{n_i} \in S(x_n^i), \quad \forall n \in N, i \in I, \tag{8.5}$$

由假设条件可得, 序列 $\{(x_n)_{n \in I}\}$ 是柯西数列且一定收敛到某个点 $\tilde{x} = (\tilde{x}_1, \tilde{x}_2) \in X$. 我们仅需证 $\tilde{x} \in Q$. 由 (8.4), 可以得到

$$d(x_{n_1}, S_1(x_{n_2})) \leqslant t_n.$$

取 $\eta_{n_1} \in S_1(x_{n_2})$. 对每一个 $n \in N$ 来说都有

$$\|\eta_{n_1} - x_{n_1}\| \leqslant t_n + \frac{1}{n}.$$

因为 S_1 是闭的和次连续的, 所以序列 $\{\eta_{n_1}\}$ 有子序列收敛到点 $\eta_1 \in S_1(\tilde{x}_2)$. 不失一般性, $\{\eta_{n_1}\}$ 收敛子序列就为自己. 又因为

$$\begin{aligned}
\|(x_{n_1} - \tilde{x}_1) - (\eta_{n_1} - \eta_1)\| &= \|(x_{n_1} - \eta_{n_1}) - (\tilde{x}_1 - \eta_1)\| \\
&= \|(\tilde{x}_1 - \eta_1) - (x_{n_1} - \eta_{n_1})\| \\
&\geqslant \|\tilde{x}_1 - \eta_1\| - \|x_{n_1} - \eta_{n_1}\|,
\end{aligned}$$

从而我们可得

$$\|\tilde{x}_1 - \eta_1\| \leqslant \|x_{n_1} - \eta_{n_1}\| + \|(x_{n_1} - \tilde{x}_1) - (\eta_{n_1} - \eta_1)\|.$$

因此,

$$\begin{aligned}
\|\tilde{x}_1 - \eta_1\| &\leqslant \liminf_n \|x_{n_1} - \eta_{n_1}\| + \liminf_n \|(x_{n_1} - \tilde{x}_1) - (\eta_{n_1} - \eta_1)\| \\
&\leqslant \liminf_n \left(t_n + \frac{1}{n}\right) = 0.
\end{aligned}$$

于是得到

$$\tilde{x}_1 \in S_1(\tilde{x}_2).$$

类似地可以得到 $\tilde{x}_2 \in S_2(\tilde{x}_1)$.

对于每一个 $i \in I$, 由 (8.5) 和假设条件 (i) 得, 序列 $\{\bar{y}_{n_i}\}$ 有子序列收敛到

$$\bar{y}_i \in F_i(\tilde{x}^i, \tilde{x}_i).$$

对所有的 $u_i \in S_i(\tilde{x}^i)$, 由于 S_i 是下半连续的, 存在收敛于 u_i 的序列 $\{u_{n_i}\}$ 满足

$$u_{n_i} \in S_i(x_n^i), \quad \forall n \in N.$$

对所有的 $y_i \in F_i(\tilde{x}^i, u_i)$, 由假设条件 (i), 存在序列 $\{y_{n_i}\}$ 满足

$$y_{n_i} \to y_i, \quad y_{n_i} \in F_i(x_n^i, u_{n_i}), \quad \forall n \in N.$$

又因为 $y_{n_i} - \bar{y}_{n_i} + t_n e_i \in Y_i \backslash (-\mathrm{int}C_i)$, 由 $Y_i \backslash (-\mathrm{int}C_i)$ 的闭性可得, 对任意的 $y_i \in F_i(\tilde{x}^i, u_i)$ 和 $u_i \in S_i(\tilde{x}^i)$ 有

$$y_i - \bar{y}_i \in Y_i \backslash (-\mathrm{int}C_i).$$

解的唯一性可由 (8.3) 得到. 定理得证.

定理 8.2.2　若 (SVNGP) 是广义适定的, 则

$$Q_\varepsilon \neq \varnothing, \quad \forall \varepsilon > 0, \lim_{\varepsilon \to 0} \alpha(Q_\varepsilon) = 0. \tag{8.6}$$

进一步, 如果 $X_i (i \in I)$ 是闭凸的且满足以下假设:

(i) $F_i : X^i \times X_i \to 2^{Y_i}$ 是连续的且有紧值的;

(ii) $S_i : X^i \to 2^{X_i}$ 在 X^i 上是闭的、次连续的和下半连续的.

则, 反之也成立.

证明　若 (SVNGP) 是广义适定的, 则解集 Q 是非空且紧多值的. 对于每一个 $\varepsilon > 0$ 说, 恒有 $Q \subseteq Q_\varepsilon$, 显然 $Q_\varepsilon \neq \varnothing$. 如果 $\{x_n\}$ 是 (SVNGP) 序列, 则它一定是近似解序列. 由假设可知 $\{x_n\}$ 一定有收敛子序列且收敛到 (SVNGP) 的解. 下面, 我们证明对每一个递减收敛到 0 的序列 $\{\varepsilon_n\}$, 一定有 $\lim_n \alpha(Q_{\varepsilon_n}) = 0$. 事实上, 有

$$H(Q_{\varepsilon_n}, Q) = \max\{e(Q_{\varepsilon_n}, Q), e(Q, Q_{\varepsilon_n})\} = e(Q_{\varepsilon_n}, Q).$$

因此,

$$\alpha(Q_{\varepsilon_n}) \leqslant 2H(Q_{\varepsilon_n}, Q) + \alpha(Q) = 2e(Q_{\varepsilon_n}, Q) = 2 \sup_{x \in Q_{\varepsilon_n}} d(x, Q). \tag{8.7}$$

又因为 Q 是紧的, 所以

$$\alpha(Q) = 0.$$

为了证明 (8.6) 成立, 仅需证明 $\lim_n \sup_{x \in Q_{\varepsilon_n}} d(x, Q) \leqslant 0$. 假设不成立, 即

$$\lim_n \sup_{x \in Q_{\varepsilon_n}} d(x, Q) > \gamma > 0.$$

这样, 一定存在正数 k 和 $x_n \in Q_{\varepsilon_n}$ 有

$$d(x_n, Q) > \gamma, \quad \forall n \geqslant k.$$

因此序列 $\{x_n\}$ 没有收敛子序列收敛到 Q 中的点, 这与已知矛盾. 故假设不成立, 即 (8.6) 成立.

另一方面, 假设 (8.6) 成立. 容易得到 Q_ε 是一个闭集. 再由 Kuratowski 定理可有

$$H(Q_\varepsilon, Q) \to 0, \quad \varepsilon \to 0. \tag{8.8}$$

其中, $Q = \bigcap_{\varepsilon > 0} Q_\varepsilon$ 是非空且紧的. 设序列 $\{x_n\}$ 是 (SVNGP) 的任一近似解序列, 那么存在 $\varepsilon_n \geqslant 0$ 且 $\varepsilon_n \to 0$ 使得

$$\{x_n\} \subseteq Q_{\varepsilon_n}.$$

再由 (8.8) 可知

$$d(x_n, Q) \to 0.$$

从而存在序列 $\{p_n\}_{i \in I} \in Q$ 满足

$$d(x_n, p_n) = \|x_n - p_n\| \to 0.$$

因为 Q 是紧的, 序列 $\{p_n\}$ 一定有收敛到点 $\bar{p} \in Q$ 的子序列 $\{p_{n_k}\}$. 于是, 一定有 $\{x_n\}$ 的子序列收敛到 $\bar{p}$. 因此, (SVNGP) 是广义适定的.

注 8.2.1 (i) 如果对每一个 $i \in I$, F_i 都是单值函数, 且记为 f_i. 进一步, $Y_i = R, S_i(X^i) = X_i$, (SVNGP) 就相应地变为: 寻找 $\bar{x} = (\bar{x})_{i \in I} \in X$ 满足

$$f_i(\bar{x}^i, \bar{x}_i) \leqslant f_i(\bar{x}^i, z_i), \quad \forall i \in I, \quad \bar{x}_i \in S(\bar{x}^i), \quad z_i \in X_i.$$

(ii) 文献 [48] 介绍了 Nash 均衡点的适定性问题 (NEP). 模型如下: 寻找点 $\bar{x} = (\bar{x}_1, \bar{x}_2) \in X_1 \times X_2$ 满足,

$$f_1(\bar{x}_1, \bar{x}_2) \leqslant f_1(z_1, \bar{x}_2), \quad \forall z_1 \in X_1$$

且

$$f_2(\bar{x}_1, \bar{x}_2) \leqslant f_1(\bar{x}_1, z_2), \quad \forall z_2 \in X_2$$

其中, $f_i : X_1 \times X_2 \to R$ 是一个实值函数. 显然, 我们的模型比上述经典的 Nash 博弈模型更加广泛.

对于上述经典 Nash 博弈模型, 也可以引入近似解序列和近似解集的概念. 记 $\hat{Q}$ 为上述模型的解集.

如果存在 $\{\varepsilon_n\} \subseteq R_+^1$ 且 $\varepsilon_n \to 0$ 使得

$$d(x_{ni}, S_i(x_n^i)) \leqslant \varepsilon_n, \quad \forall n \in N, \quad i \in I$$

且

$$f_i(x_n^i, x_{ni}) \leqslant f_i(x_n^i, z_i) + \varepsilon_n, \quad \forall z_i \in X_i, \quad n \in N, \quad i \in I$$

都成立, 则 $\{x_n\}_{i \in I} \subseteq X$ 为其近似解序列.

近似解集为

$$\hat{Q}_\varepsilon = \{\bar{x} = (\bar{x}_i, \bar{x}^i) : d(\bar{x}_i, S_i(\bar{x}^i)) \leqslant \varepsilon, f_i(\bar{x}^i, \bar{x}_i) \leqslant f_i(\bar{x}^i, z_i) + \varepsilon, \forall z_i \in X_i, i \in I\}.$$

定理 8.2.3 如果 $X_i(i \in I)$ 是紧的和闭的, 且满足以下假设:
(i) $f_i : X^i \times X_i \to R$ 在 X 上是下半连续的;
(ii) 对每一个 $z_i \in X_i$, $f_i(\cdot, z_i)$ 在 $X_i(i \in I)$ 上是上半连续的;

(iii) $S_i : X^i \to 2^{X_i}$ 是闭的且次连续的.

则, (NEP) 是广义上适定的.

证明　设 $\{x_n = (x_{n1}, x_{n2})\}_{i \in I} \subseteq X$ 是 (NEP) 的近似解序列. 然后, 存在 $\{\varepsilon_n\} \subseteq R_+$ 和 $\varepsilon_n \to 0$ 使得

$$d(x_{ni}, S_i(x_n^i)) \leqslant \varepsilon_n, \quad \forall n \in N, \quad i \in I,$$

且

$$f_i(x_n^i, x_{ni}) \leqslant f_i(x_n^i, z_i) + \varepsilon_n, \quad \forall z_i \in X_i, \quad n \in N, \quad i \in I.$$

再由 X_i 的紧性, 可知 $\{x_n\}$ 有收敛子序列收敛到 $\hat{x} = (\hat{x}_1, \hat{x}_2)$. 下面讨论 $\hat{x} \in \hat{Q}$. 类似于定理 8.2.1 的证明方法可得

$$\hat{x}_i \in S_i(\hat{x}^i).$$

再由假设条件得到

$$f_1(\hat{x}_2, \hat{x}_1) \leqslant \liminf_n f_1(x_{n_2}, x_{n_1}) \leqslant \liminf_n (f_1(x_{n_2}, z_1))$$
$$\leqslant \limsup_n (f_1(x_{n_2}, z_1) + \varepsilon_n) \leqslant f_1(\hat{x}_2, z_1), \quad \forall z_1 \in X_1.$$

同理可得

$$f_2(\hat{x}_1, \hat{x}_2) \leqslant f_2(\hat{x}_1, z_2), \quad \forall z_2 \in X_2.$$

证毕.

注 8.2.2　显然, 我们的适定性结论与文献 [48] 中的结论是不同的.

8.3　本 章 小 结

本章主要讨论了下列模型的适定性问题: 寻找 $\bar{x} = (\bar{x})_{i \in I} \in X, \bar{y}_i \in F_i(\bar{x}^i, \bar{x}_i)$ 使得对每一个 $i \in I, \bar{x}_i \in S(\bar{x}^i)$, 且满足

$$y_i - \bar{y}_i \notin -\mathrm{int}C_i, \quad \forall y_i \in F_i(\bar{x}^i, u_i), \quad \forall u_i \in S(\bar{x}^i),$$

分别在解集是单值和集合值两种不同情况下, 得到了对应问题的适定性结论, 并说明得到的结果与已有的适定性结果是不同的.

参 考 文 献

[1] Aubin J P, Ekeland I. Applied Nonlinear Analysis[M]. New York: John Wiley & Sons, 1984.

[2] Ferro F. A minimax theorem for vector-valued functions[J]. Journal of Optimization Theory and Applications, 1989, 60: 19-31.

[3] Luc D T, Vargas C. A saddlepoint theorem for set-valued maps[J]. Nonlinear Analysis: Theory, Methods & Applications, 1992, 18: 1-7.

[4] Aubin J P, Frankowska H. Set-valued Analysis[M]. New York: Springer, 2009.

[5] Li S J, Chen G Y, Lee G M. Minimax theorems for set-valued mappings[J]. Journal of Optimization Theory and Applications, 2000, 106: 183-200.

[6] Zeng J, Li S J. An Ekeland's variational principle for set-valued mappings with applications[J]. Journal of Computational and Applied Mathematics, 2009, 230: 477-484.

[7] Browder F E. The fixed point theory of multi-valued mappings in topological vector spaces[J]. Mathematische Annalen, 1968, 177: 283-301.

[8] Fan K. Fixed-point and minimax theorems in locally convex topological linear spaces[J]. Proceedings of the National Academy of Sciences of the United States of America, 1952, 38: 121-126.

[9] Fan K. A generalization of Tychonoff's fixed point theorem[J]. Mathematische Annalen, 1961, 142: 305-310.

[10] Luc D T. Recession maps and applications[J]. Optimization, 1993, 27: 1-15.

[11] Tan K K, Yu J, Yuan X Z. Existence theorems for saddle points of vector-valued maps[J]. Journal of Optimization Theory and Applications, 1996, 89: 731-747.

[12] Ha T X D. Demicontinuity, generalized convexity and loose saddle points of set-valued maps[J]. Optimization, 2002, 51: 293-308.

[13] Zhang Q B, Liu M J, Cheng C Z. Generalized saddle points theorems for set-valued mappings in locally generalized convex spaces[J]. Nonlinear Analysis: Theory, Methods & Applications, 2009, 71: 212-218.

[14] Li S J, Chen G Y, Teo K L, et al. Generalized minimax inequalities for set-valued mappings[J]. Journal of Mathematical Analysis and Applications, 2003, 281: 707-723.

[15] Zhang Q B, Cheng C Z, Liu X. Generalized minimax theorems for two set-valued mappings[J]. Journal of Industrial and Management Optimization, 2013, 9: 1-12.

[16] Lin Y C, Ansari Q H, Lai H C. Minimax theorems for set-valued mappings under cone-convexities[J]. Abstract and Applied Analysis, 2012, 2012: 26.

[17] Tanaka T. Some minimax problems of vector-valued functions[J]. Journal of Optimiza-
      tion Theory and Applications, 1988, 59: 505-524.

[18] Tanaka T. Existence theorems for cone saddle points of vector-valued functions in
      infinite-dimensional spaces[J]. Journal of Optimization Theory and Applications, 1989,
      62: 127-138.

[19] Tanaka T. A characterization of generalized saddle points for vector-valued functions
      via scalarization[J]. Nihonkai Mathematical Journal, 1990, 1: 209-227.

[20] Tanaka T. Two types of minimax theorems for vector-valued functions[J]. Journal of
      Optimization Theory and Applications, 1991, 68: 321-334.

[21] Tanaka T. Generalized quasiconvexities, cone saddle points, and minimax theorem for
      vector-valued functions[J]. Journal of Optimization Theory and Applications, 1994, 81:
      355-377.

[22] Tanaka T. Approximately efficient solutions in vector optimization[J]. Journal of Multi-
      Criteria Decision Analysis, 1996, 5: 271-278.

[23] Tanaka T. Generalized semicontinuity and existence theorems for cone saddle points[J].
      Applied Mathematics and Optimization, 1997, 36: 313-322.

[24] Luo X Q. On some generalized Ky Fan minimax inequalities[J]. Fixed Point Theory and
      Applications, 2009, 2009: 16.

[25] Chen G Y. Improvement for Ferro's minimax theorem[J]. Journal of Systems Science
      and Mathematical Sciences, 1994, 7: 1-4.

[26] Ferro F. A minimax theorem for vector-valued functions, Part 2[J]. Journal of Opti-
      mization Theory and Applications, 1991, 68: 35-48.

[27] Gong X H. The strong minimax theorem and strong saddle points of vector-valued
      functions[J]. Nonlinear Analysis: Theory, Methods & Applications, 2008, 68: 2228-2241.

[28] Li X B, Li S J, Fang Z M. A minimax theorem for vector-valued functions in lex-
      icographic order[J]. Nonlinear Analysis: Theory, Methods & Applications, 2010, 73:
      1101-1108.

[29] Chen G Y, Li S J. Existence of solution for a generalized vector quasivariational
      inequality[J]. Journal of Optimization Theory and Applications, 1996, 90:321-334.

[30] Lin Y C, Chen H J. Solving the set equilibrium problems[J]. Fixed Point Theory and
      Applications, 2011, 2011: 13.

[31] Gerstewitz C. Nichtkonvexe trennungssatze und deren Anwendung in der theorie der
      Vektoroptimierung[J]. Seminarberichte der Secktion Mathematik, 1986, 80: 19-31.

[32] Gerstewitz C, Iwanow E. Dualität für nichtkonvexe Vektoroptimierungsprobleme[J].
      Wissenschaftliche Zeitschrift der Technischen Hochschule Ilmenau, 1985, 31: 61-81.

[33] Gerth C, Weidner P. Nonconvex separation theorems and some applications in vector
      optimization[J]. Journal of Optimization Theory and Applications, 1990, 67: 297-320.

[34] Chen G Y, Huang X X, Hou S H. General Ekeland's variational principle for set-valued mappings[J]. Journal of Optimization Theory and Applications, 2000, 106: 151-164.

[35] Li Z F, Wang S Y. A type of minimax inequality for vector-valued mappings[J]. Journal of Mathematical Analysis and Applications, 1998, 227: 68-80.

[36] Bigi G, Capătă A, Kassay G. Existence results for strong vector equilibrium problems and their applications[J]. Optimization, 2012, 61: 567-583.

[37] Borwein J M, Zhuang D. On Fan's minimax theorem[J]. Mathematical Programming, 1986, 34: 232-234.

[38] Park S. A simple proof of the Sion minimax theorem[J]. Bulletin of the Korean Mathematical Society, 2010, 47(5): 1037-1040.

[39] Nieuwenhuis J W. Some minimax theorems in vector-valued functions[J]. Journal of Optimization Theory and Applications, 1983, 40: 463-475.

[40] Shi D S, Ling C. Minimax theorems and cone saddle points of uniformly same-order vector-valued functions[J]. Journal of Optimization Theory and Applications, 1995, 84: 575-587.

[41] Kim I S, Kim Y T. Loose saddle points of set-valued maps in topological vector spaces[J]. Applied Mathematics Letters, 1999, 12: 21-26.

[42] Hernández E, Rodríguez-Marín L, Sama M. On solutions of set-valued optimization problems[J]. Computers & Mathematics with Applications, 2010, 60: 1401-1408.

[43] Hernández E, Rodríguez-Marín L, Sama M. About Hahn–Banach extension theorems and applications to set-valued optimization[J]. Computers & Mathematics with Applications, 2012, 64: 1778-1788.

[44] Ha T X D. Some variants of the Ekeland variational principle for a set-valued map[J]. Journal of Optimization Theory and Applications, 2005, 124: 187-206.

[45] Bednarczuk E M, Miglierina E, Molho E. A mountain pass-type theorem for vector-valued functions[J]. Set-valued and Variational Analysis, 2011, 19: 569-587.

[46] Jahn J, Ha T X D. New order relations in set optimization[J]. Journal of Optimization Theory and Applications, 2011, 148: 209-236.

[47] Zhang Y, Li S J, Zhu S K. Minimax problems for set-valued mappings[J]. Numerical Functional Analysis and Optimization, 2012, 33: 239-253.

[48] Lignola M B, Morgan J. α-well-posedness for Nash equilibria and for optimization problems with Nash equilibrium constraints[J]. Journal of Global Optimization., 2006, 36: 439-459.